# 银川都市圈臭氧污染成因及控制对策研究

刘建军　张美根　主编

气象出版社
China Meteorological Press

## 内容简介

本书系统介绍了银川都市圈臭氧污染成因、臭氧来源、不同减排方案的效果评估及臭氧污染控制对策等方面的最新研究成果。本书共分为5章。第1章分析了银川都市圈臭氧时空分布特征；第2章研究了臭氧与气象条件的关系；第3章探讨了臭氧生成对前体物的敏感性；第4章解析了臭氧来源；第5章评估了污染物减排方案对臭氧的影响，提出了臭氧污染控制对策。本书是一本资料翔实，内容丰富，理论性、针对性和实用性强的专著，具有较高的学术价值和实践指导作用。

本书可供气象、环境、生态等相关专业从事科研和业务的专业技术人员以及政府部门的决策管理者参考，也可供相关学科的大专院校师生参考。

## 图书在版编目（CIP）数据

银川都市圈臭氧污染成因及控制对策研究 / 刘建军，张美根主编 ； 纳丽等副主编. -- 北京 ： 气象出版社，2024. 1. -- ISBN 978-7-5029-8244-7

Ⅰ．X511

中国国家版本馆 CIP 数据核字第 2024JH1130 号

**银川都市圈臭氧污染成因及控制对策研究**
Yinchuan Dushiquan Chouyang Wuran Chengyin ji Kongzhi Duice Yanjiu

| | | | |
|---|---|---|---|
| 出版发行：气象出版社 | | | |
| 地　　址：北京市海淀区中关村南大街 46 号 | | 邮政编码：100081 | |
| 电　　话：010-68407112（总编室）　010-68408042（发行部） | | | |
| 网　　址：http://www.qxcbs.com | | E-mail：qxcbs@cma.gov.cn | |
| 责任编辑：蔺学东 | | 终　审：张　斌 | |
| 责任校对：张硕杰 | | 责任技编：赵相宁 | |
| 封面设计：楠竹文化 | | | |
| 印　　刷：北京建宏印刷有限公司 | | | |
| 开　　本：710 mm×1000 mm　1/16 | | 印　张：6.25 | |
| 字　　数：150 千字 | | | |
| 版　　次：2024 年 1 月第 1 版 | | 印　次：2024 年 1 月第 1 次印刷 | |
| 定　　价：68.00 元 | | | |

# 《银川都市圈臭氧污染成因及控制对策研究》
# 编 委 会

# 前　言

　　银川都市圈是包含以银川为核心、辐射带动石嘴山、吴忠、宁东基地协同发展的区域。银川位于宁夏北部,地处干旱、半干旱气候带,东、西、北三面被毛乌素沙漠、腾格里沙漠、乌兰布和沙漠所包围,作为典型西北内陆城市,气候干燥、太阳辐射强烈、日照时间长,为臭氧前体物的转化提供了有利的气象条件。

　　臭氧在全球和区域大气环境变化中扮演着重要角色,它不仅对地气辐射收支系统产生重要影响,而且作为城市大气污染中最重要的氧化剂,有着显著的环境效应。近地面臭氧是一种重要的二次大气污染物,主要是由汽车尾气、工业企业排放的氮氧化物与挥发性有机物等臭氧前体物,在高温、强辐射的作用下,经过一系列复杂的光化学反应而产生。近年来,随着我国工业化和城市化的迅速发展,能源消耗日益增长,机动车保有量激增,导致我国氮氧化物、一氧化碳和挥发性有机化合物等臭氧前体物排放量不断增加,臭氧逐渐成为我国城市环境空气的主要污染物,严重威胁人体健康和植物生长。因此,如何有效地避免臭氧污染对人类生活至关重要。

　　本书是一本全面研究银川都市圈臭氧污染问题的书籍。本书首先利用高时空分辨率的环境空气质量、气象要素监测数据以及挥发性有机物实地观测资料,重点选取春、夏季典型臭氧污染过程,系统分析了大气臭氧污染特征,摸清了不同地区、不同季节大气臭氧污染时空分布以及年际变化趋势等重要背景信息,了解掌握了臭氧污染过程的生消规律,阐明了各前体物在臭氧污染形成过程中的积累及相互影响关系,揭示了不同季节臭氧污染事件过程中气象要素、光化学成分对臭氧形成的关键控制因子,全面阐述了银川都市圈大气臭氧污染现状。其次,根据银川都市圈大气污染源调查信息,网格化主要行业及区域排放的臭氧前体物,建立了区域空气质量数值模式,选取典型的光化学污染过程进行模拟研究,厘清了臭氧前体物主要来源行业及排放区域,绘制了重点地区敏感性 EKMA 曲线,揭示了氮氧化物和挥发性有机物敏感区时空变化规律;定量计算了不同行业、不同区域挥发性有机物和氮氧化物排放对臭氧质量浓度的贡献大小,系统解析了银川都市圈大气臭氧污染形成的行业及区域贡献特征。最后,利用区域空气质量数值模式开展敏感性试验,对污染物协同减排和分区削减方案进行优化组合,预测评估了多种氮氧化物和挥发性有机物减排情景下大气臭氧浓度的改变情况,提出了可行的阶段性臭氧污染控制措施,为银川都市圈臭氧污染治理提供决策依据。

本书是 2019 年宁夏回族自治区重点研发计划重大项目的研究成果,是自治区党委政府推进生态文明建设相关部署规划中的重点举措,是贯彻落实创新驱动、脱贫富民、生态立区三大战略的具体措施,是推动绿色生产、生活方式,打好环境污染防治攻坚战,打造西部地区生态文明建设先行区的内在需求,社会、经济、生态效益突出。编著本书的目的,旨在摸清银川都市圈臭氧污染传输、生消机制,科学制定治理措施;旨在有效提升臭氧污染预报预测水平、重污染天气应对水平、臭氧污染治理水平,为精准施策、精准治污提供依据,为改善银川都市圈的生活环境,增强人民的蓝天幸福感作出贡献。

本书内容全面详实,适合气象、环境从业人员和研究人员以及学生学习臭氧相关知识,深入了解相关研究方法与技术,并为臭氧污染的治理提供实用建议。

由于我们的水平有限,书中难免有疏漏之处,敬请读者提出宝贵意见。

编　者
2023 年 11 月

# 目　　录

# 第 1 章

# 宁夏臭氧污染现状

臭氧逐渐成为我国城市环境空气的主要污染物,严重威胁了人类健康和植物生长。自 2015 年以来,宁夏以臭氧为首要污染物的超标天数逐年上升,臭氧污染防治迫在眉睫。因此,研究宁夏臭氧污染特征,可为提升臭氧污染预报预测水平、重污染天气应对、臭氧污染防治奠定基础。利用宁夏空气质量联网监测管理平台的臭氧($O_3$)及其相关污染物($SO_2$、$NO_2$、$PM_{10}$、$PM_{2.5}$、CO)浓度数据,依据《环境空气质量标准》(GB 3095—2012)、《环境空气质量评价技术规范(试行)》(HJ 663—2013)和《环境空气质量指数(AQI)技术规定(试行)》(HJ 633—2012),选取 2015—2020 年宁夏 5 个地级市 15 个城市国控环境空气自动站(银川市:贺兰山东路、学院路、水乡路、上海东路、文昌北街;石嘴山市:大武口朝阳西街、惠农南大街、红果子镇惠新街;吴忠市:教育园区、新区二泵站、文卫南街;固原市:监测站、新区;中卫市:环保局站、沙坡头政府)监测数据,对宁夏环境空气质量数据进行统计、评价。

## 1.1 宁夏臭氧污染时空特征

### 1.1.1 臭氧空气质量特征

(1)空间分布

“十三五”时期宁夏城市 $O_3$ 浓度总体呈现上升趋势,出现 $O_3$ 污染的时间逐年提前(图 1.1),因 $O_3$ 污染,“十三五”时期宁夏(5 地市平均)优良天数较“十二五”时期平均减少了 9.1 d。“十三五”期末(2020 年)以 $O_3$ 为首要污染物的天气首次出现时间较“十二五”期末(2015 年)提前了 37 d,以 $O_3$ 为首要污染物的轻度及以上污染天数

1

较"十二五"期末增加了 8 d。

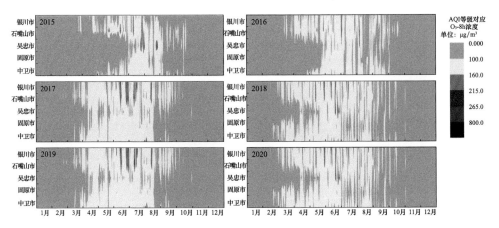

图 1.1  2015—2020 年宁夏 5 地市 O₃ 日最大 8 h 均值空气质量等级分布

(日空气质量(AQI)分为 6 个等级,分别为优、良、轻度污染、中度污染、重度污染和严重污染,对应 O₃-8h 浓度<100 $\mu g/m^3$、100~160 $\mu g/m^3$、160~215 $\mu g/m^3$、215~265 $\mu g/m^3$、265~800 $\mu g/m^3$、>800 $\mu g/m^3$,优、良天计入达标天数,轻度至严重污染天计入超标天数)

"十三五"时期宁夏 O₃-8h 第 90 百分位数浓度(以下简称 O₃ 特定百分位数浓度)均值整体呈上升趋势(图 1.2),"十三五"期末(2020 年)宁夏 O₃ 特定百分位数较"十二五"期末(2015 年)上升 12.1%,上升 15 $\mu g/m^3$。2015—2020 年宁夏(5 地市算术平均值,以下同)O₃ 特定百分位数浓度各年均值分别为 124、131、141、138、142、139 $\mu g/m^3$,2015—2017 年是 O₃ 浓度快速上升的时段,宁夏 O₃ 特定百分位数浓度从 124 $\mu g/m^3$ 上升至 141 $\mu g/m^3$,2018—2020 年保持在 138~142 $\mu g/m^3$,变化趋缓。从各地级城市 O₃ 浓度来看,2015—2016 年石嘴山市 O₃ 浓度在 5 地市中最高,其特定百分位数浓度在 142~146 $\mu g/m^3$,其他 4 个地市在 112 $\mu g/m^3$(固原市)~135 $\mu g/m^3$(银川市)之间;2017 年,银川市 O₃ 特定百分位数浓度快速上升至 155 $\mu g/m^3$,超过石嘴山市,为 5 地市最高,同时石嘴山市 O₃ 特定百分位数浓度仍保持上升趋势,由 146 $\mu g/m^3$ 上升至 149 $\mu g/m^3$。2018—2020 年,5 地市 O₃ 浓度波动变化,总体略有下降。与 2015 年相比,2020 年宁夏 O₃ 特定百分位数浓度上升 12.1%,5 地市增幅由高到低依次为银川市、吴忠市、固原市、中卫市和石嘴山市,分别为 29.8%、13.0%、10.7%、4.7%、4.2%。"十三五"期间,银川市 O₃ 浓度增幅最高。越来越多的研究表明,温室气体排放导致全球气候变化,引起气温升高,伴随城市快速发展,机动车数量迅速增加,这些因素致使城市 O₃ 污染加重。随着宁夏在柴油货车尾气、加油站油气回收等方面大气污染治理的力度加大,近几年 O₃ 污染加重的趋势得到减缓(图 1.2),但 O₃ 浓度仍然保持在较高区间。

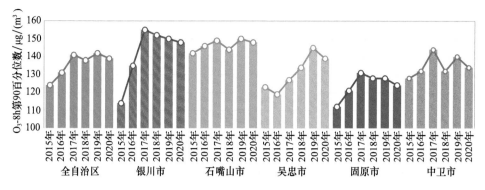

图 1.2　2015—2020 年宁夏及 5 地市 $O_3$ 特定百分位数浓度

宁夏沿黄河干流城市 $O_3$ 浓度总体偏高,北部城市 $O_3$ 浓度明显高于中南部城市,银川都市圈 $O_3$ 污染最为突出。银川都市圈银川市和石嘴山市 $O_3$ 特定百分位数浓度均值较宁夏全区偏高 $9\sim10$ $\mu g/m^3$。各地市中,银川市和石嘴山市(均为 $147$ $\mu g/m^3$)>中卫市($135$ $\mu g/m^3$)>吴忠市($130$ $\mu g/m^3$)>固原市($124$ $\mu g/m^3$)。充分的光照辐射以及较高的气温环境有利于 $O_3$ 生成的光化学反应。宁夏南部六盘山地区阴湿多雨,气温低;北部地区日照充足,昼夜温差大,全年日照时数达 $3000$ h。这样的气象条件差异对 $O_3$ 浓度呈现出"南低北高"的分布产生了明显的影响。除气象条件外部因素外,作为 $O_3$ 光化学反应前体物 $NO_x$ 和 VOCs(Volatile Organic Compounds,挥发性有机化合物)重要贡献源的机动车也是影响城市 $O_3$ 污染的内在因素。根据《2020 年宁夏统计年报》,银川都市圈机动车保有量约占宁夏全区的 $75.0\%$(仅银川市约占 $55.0\%$),其平均气温较宁夏全区偏高约 $1.1$ ℃。可以看出,在气温差异不大的情况下,机动车高保有量地区 $NO_x$ 和 VOCs 的大量排放为 $O_3$ 的光化学反应提供了充足的前体物,致使 $O_3$ 浓度明显升高。

(2)时间分布

$O_3$ 大气光化学反应(包括自由基的生成、传递、终止反应等)在一天当中均会发生,一般午后 $O_3$ 小时浓度达到峰值。2018—2020 年宁夏全区及银川都市圈臭氧浓度整体保持稳定,因此选取 2018 年数据进行 $O_3$ 浓度日变化特征统计分析。

$O_3$ 小时浓度白天高于夜间,日变化呈"单峰型"特征(杨燕萍 等,2019;王鑫龙 等,2020)。宁夏夜间至次日清晨(22:00—次日 08:00)昼夜温差大,夜间温度低,光照弱,加之 NO 对 $O_3$ 的滴定效应(唐孝炎 等,2006),城市夜间 $O_3$ 小时浓度维持在一个相对较低的区间,为 $25\sim97$ $\mu g/m^3$;白天宁夏 $O_3$ 小时浓度在 $29\sim172$ $\mu g/m^3$。上午 09:00 起,太阳光辐射逐步加强,$O_3$ 浓度缓慢上升,午后 14:00—17:00 达到峰值,随后太阳辐射强度减弱,$O_3$ 浓度降低。可以看出,$O_3$ 浓度日变化季节性特征明显(刘芷君 等,2016;王莹 等,2017),表现为冬低、夏高、春秋平缓的特点,整体呈倒"U"形分布特征,5—8 月是一年当中温度、光照和太阳辐射最强的时段,$O_3$ 浓度在全年中相对较高。

不同城市一天当中峰值出现时间、$O_3$强度以及季节变化存在一定差异（图1.3）。总体来看，宁夏 $O_3$ 日变化峰值主要发生在一天当中的14:00—17:00，全年 $O_3$ 浓度高值主要出现在6月，银川市 $O_3$ 浓度高值持续时间明显超过石嘴山市和吴忠市。其中，石嘴山市 $O_3$ 峰值集中于14:00—16:00，$O_3$ 峰值出现在6月（169 $\mu g/m^3$），各月小时峰值为6月（169 $\mu g/m^3$）＞7月（156 $\mu g/m^3$）＞5月（155 $\mu g/m^3$）＞8月（148 $\mu g/m^3$）；银川市 $O_3$ 峰值集中于13:00—18:00，$O_3$ 峰值出现在6月（181 $\mu g/m^3$），各月小时峰值为6月（181 $\mu g/m^3$）＞7月（169 $\mu g/m^3$）＞5月（168 $\mu g/m^3$）＞8月（159 $\mu g/m^3$）；吴忠市 $O_3$ 峰值集中于14:00—17:00，各月小时峰值为6月（167 $\mu g/m^3$）＞8月（141 $\mu g/m^3$）＞7月（140 $\mu g/m^3$）＞5月（121 $\mu g/m^3$）。

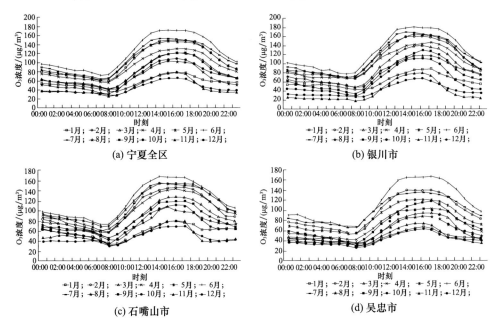

图1.3　2018年银川都市圈城市与宁夏全区 $O_3$ 小时浓度日变化曲线

### 1.1.2　臭氧污染变化

（1）超标天污染物分布

日空气质量指数（Air Quality Index，AQI）大于100时为空气质量超标日，当日首要污染物是指空气质量超标日中监测的六项污染指标空气质量分指数最大的一项。

"十三五"时期宁夏全区超标天中首要污染物以 $PM_{10}$、$PM_{2.5}$ 和 $O_3$ 为主，$PM_{10}$、$PM_{2.5}$、$SO_2$ 超标天数逐年减少，$O_3$ 超标天数整体呈增加趋势。"十三五"期末与"十二五"期末相比，宁夏 $O_3$ 超标天数增加8 d（图1.4）。2018年和2019年以 $O_3$ 为首要污染物的超标天数比例均超过 $PM_{2.5}$，其中2018年 $O_3$ 超标天数占比为18.7%，比

PM$_{2.5}$超标天数占比高 7.2 个百分点,2019 年 O$_3$ 超标天数占比为 27.3%,比 PM$_{2.5}$ 超标天数占比高 8.2 个百分点。2020 年受持续静稳高湿天气以及城际间污染传输影响,PM$_{2.5}$超标天数出现反弹,但宁夏以 O$_3$ 为首要污染物超标天数累计仍达到了 39 d,占比达 14.3%,O$_3$ 已然成为影响宁夏城市空气质量另一重要二次污染物(图 1.5)。

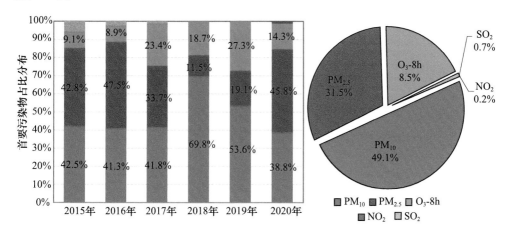

图 1.4　2015—2020 年宁夏超标天数首要污染物占比

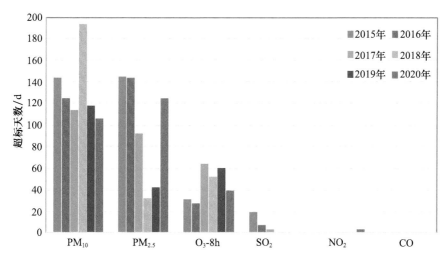

图 1.5　2015—2020 年宁夏 6 项污染物超标天数年际变化

　　表 1.1 列出了 2015—2020 年宁夏 5 地市 O$_3$-8h 逐月和年度超标天数,近 6 年来,宁夏 5 地市 O$_3$-8h 累计超标天数分别为 31 d、27 d、64 d、53 d、60 d、39 d,2015—2019 年 O$_3$ 超标天数呈波动上升趋势,2018 年和 2020 年虽有下降,但较"十二五"末有所增加。从 O$_3$ 污染分布来看,与日变化季节分布特征一致,O$_3$ 超标天数集中在 5—8 月,主要在夏季时段,这期间宁夏 O$_3$ 超标天数占全年的 98.5%。

表1.1    2015—2020年宁夏5地市O₃-8h超标天数月度变化    单位:d

| 月份 | 2015年 | 2016年 | 2017年 | 2018年 | 2019年 | 2020年 |
|---|---|---|---|---|---|---|
| 1 | 0 | 0 | 0 | 0 | 0 | 0 |
| 2 | 0 | 0 | 0 | 0 | 0 | 0 |
| 3 | 0 | 0 | 0 | 0 | 0 | 0 |
| 4 | 0 | 0 | 1 | 3 | 3 | 0 |
| 5 | 3 | 6 | 6 | 12 | 5 | 7 |
| 6 | 5 | 7 | 26 | 23 | 12 | 15 |
| 7 | 18 | 9 | 19 | 10 | 23 | 10 |
| 8 | 5 | 5 | 11 | 5 | 16 | 7 |
| 9 | 0 | 0 | 1 | 0 | 1 | 0 |
| 10 | 0 | 0 | 0 | 0 | 0 | 0 |
| 11 | 0 | 0 | 0 | 0 | 0 | 0 |
| 12 | 0 | 0 | 0 | 0 | 0 | 0 |
| 合计 | 31 | 27 | 64 | 53 | 60 | 39 |

(2)百分位数浓度变化

为进一步分析宁夏臭氧浓度变化特征,对2015—2020年宁夏5地市O₃-8h最小值、第20、30、40、50、75、80、85、95百分位数及平均值、最大值等统计分析(图1.6)。"十三五"时期宁夏城市O₃-8h各百分位数浓度均呈上升趋势,O₃-8h第95及以下百分位数浓度均低于160 μg/m³,第30~50百分位数浓度上升最快,第70~95百分位数浓度上升最慢。但这一现象并不适用于所有地市,银川市正好相反,O₃-8h浓度上升速率随百分位数增加而加快。石嘴山市、吴忠市和固原市O₃-8h浓度增幅主要集中在第50及以下百分位数,银川市O₃-8h浓度增幅主要集中在第70~95百分位数,银川市臭氧超标天数逐年增加,污染呈现加重趋势。

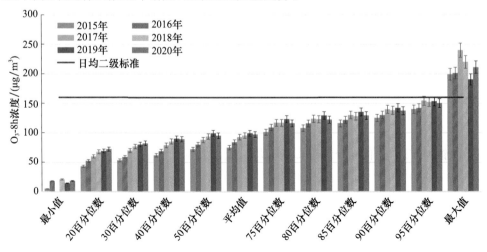

图1.6    2015—2020年宁夏5地市O₃-8h百分位数浓度变化

2015—2020 年,银川市 $O_3$-8h 浓度整体上升,各百分位数浓度变化差异小(图 1.7)。其中,银川市 $O_3$-8h 第 95 百分位数浓度平均每年升高 6.0 $\mu g/m^3$,第 85 和 90 百分位数浓度近五年平均升高值均为 6.8 $\mu g/m^3$,第 30～80 百分位数浓度近五年平均升高值在 6.0～6.4 $\mu g/m^3$;银川市 $O_3$-8h 浓度均值最大值平均每年升高 5.4 $\mu g/m^3$;银川市 $O_3$-8h 浓度均值最小值平均每年升高约 3.0 $\mu g/m^3$。

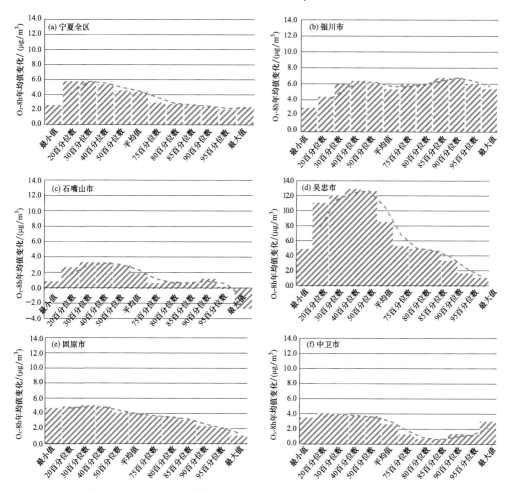

图 1.7　2015—2020 年宁夏及 5 地市 $O_3$-8h 百分位数浓度平均变化

除银川市外,其他 4 个地市 $O_3$-8h 均值随百分位数浓度增加,升高幅度减缓,在第 20～50 百分位数浓度上升较快,以吴忠市最为典型(图 1.8)。近 5 年各地市最大值变化有所不同,其中石嘴山 $O_3$-8h 最大值下降,5 年平均降低 2.6 $\mu g/m^3$;中卫市 $O_3$-8h 最大值快速上升,5 年平均升高 3.0 $\mu g/m^3$(表 1.2)。

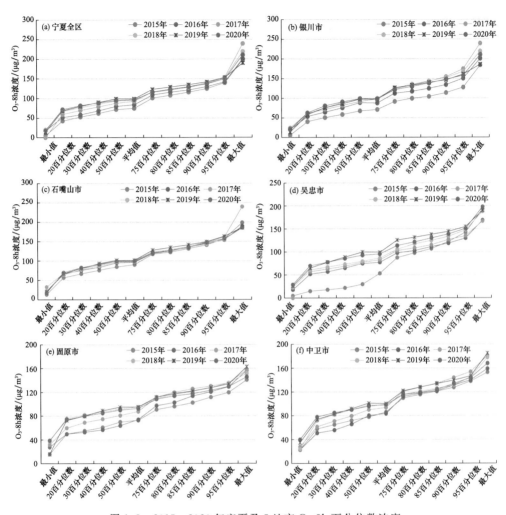

图 1.8　2015—2020 年宁夏及 5 地市 O<sub>3</sub>-8h 百分位数浓度

表 1.2　2015—2020 年宁夏 5 地市 O<sub>3</sub>-8h 各百分位数浓度多年平均　　　单位:μg/m³

| | 银川市 | 石嘴山市 | 吴忠市 | 固原市 | 中卫市 |
|---|---|---|---|---|---|
| 最小值 | 6 | 14 | — | 16 | 23 |
| 20 百分位数 | 55 | 65 | 51 | 60 | 64 |
| 30 百分位数 | 69 | 77 | 62 | 70 | 74 |
| 40 百分位数 | 80 | 87 | 71 | 77 | 84 |
| 50 百分位数 | 91 | 97 | 81 | 85 | 94 |
| 平均值 | 92 | 98 | 83 | 86 | 93 |

续表

| | 银川市 | 石嘴山市 | 吴忠市 | 固原市 | 中卫市 |
|---|---|---|---|---|---|
| 75 百分位数 | 117 | 122 | 108 | 107 | 116 |
| 80 百分位数 | 125 | 128 | 115 | 113 | 121 |
| 85 百分位数 | 134 | 136 | 124 | 118 | 128 |
| 90 百分位数 | 145 | 146 | 133 | 126 | 135 |
| 95 百分位数 | 159 | 158 | 146 | 132 | 145 |
| 最大值 | 240 | 240 | 198 | 163 | 185 |

### 1.1.3　空气质量贡献率变化

5—8 月是宁夏 $O_3$ 污染主要月份,采用环境空气质量综合指数评价空气质量整体水平(王帅 等,2014),综合指数由 6 项空气污染物浓度各自指数(分指数)求和后得到,用 $O_3$ 分指数在综合指数中的占比表示 $O_3$ 对环境空气质量贡献率。

2016—2020 年宁夏 $O_3$ 贡献率快速上升(表 1.3)。"十三五"期末较"十二五"期末宁夏环境空气质量综合指数下降了 15.1%,空气质量得到明显改善,影响宁夏空气质量的主要污染物 $PM_{10}$ 和 $PM_{2.5}$ 浓度分别下降了 25.3% 和 15.4%,但 $O_3$ 特定百分位数浓度"不降反升",上升了 12.1%。

**表 1.3　2016—2020 年宁夏 5 地市 $O_3$ 贡献率**

| 年度 | 城市 | 银川市 | 石嘴山市 | 吴忠市 | 固原市 | 中卫市 | 宁夏全区 |
|---|---|---|---|---|---|---|---|
| 2020 年 | 综合指数 | 4.54 | 4.77 | 3.96 | 3.16 | 3.8 | 4.04 |
| | $O_3$ 分指数 | 0.92 | 0.92 | 0.87 | 0.78 | 0.84 | 0.87 |
| | $O_3$ 贡献率 | 20.3% | 19.3% | 22.0% | 24.7% | 22.1% | 21.5% |
| 2019 年 | 综合指数 | 4.45 | 4.62 | 3.84 | 3.55 | 3.71 | 4.04 |
| | $O_3$ 分指数 | 0.92 | 0.94 | 0.91 | 0.8 | 0.88 | 0.89 |
| | $O_3$ 贡献率 | 20.7% | 20.3% | 23.7% | 22.5% | 23.7% | 22.0% |
| 2018 年 | 综合指数 | 4.76 | 4.69 | 3.77 | 3.4 | 3.66 | 4.04 |
| | $O_3$ 分指数 | 0.95 | 0.9 | 0.84 | 0.8 | 0.82 | 0.86 |
| | $O_3$ 贡献率 | 20.0% | 19.2% | 22.3% | 23.5% | 22.4% | 21.3% |
| 2017 年 | 综合指数 | 5.7 | 5.24 | 4.38 | 3.57 | 3.99 | 4.58 |
| | $O_3$ 分指数 | 0.97 | 0.93 | 0.79 | 0.82 | 0.9 | 0.88 |
| | $O_3$ 贡献率 | 17.0% | 17.7% | 18.0% | 23.0% | 22.6% | 19.2% |

续表

| 年度 | 城市 | 银川市 | 石嘴山市 | 吴忠市 | 固原市 | 中卫市 | 宁夏全区 |
|---|---|---|---|---|---|---|---|
| 2016 年 | 综合指数 | 5.78 | 5.57 | 4.55 | 3.53 | 4.15 | 4.72 |
| | $O_3$ 分指数 | 0.84 | 0.91 | 0.74 | 0.76 | 0.82 | 0.82 |
| | $O_3$ 贡献率 | 14.5% | 16.3% | 16.3% | 21.5% | 19.8% | 17.4% |

2015—2020 年宁夏 $O_3$ 变化出现两个阶段,空气质量单项分指数先快速上升,后保持稳定。其中,2015 年宁夏 $O_3$ 浓度单项指数为 0.78,2016—2017 年分别达到了 0.82 和 0.88,2018—2020 年宁夏 $O_3$ 单项指数保持在 0.86~0.89,变化趋缓。5 地市与宁夏变化规律基本一致,$O_3$ 对空气质量的程度有所差异。5 地市中,银川市和石嘴山市 $O_3$ 对空气质量影响较为突出,2017—2020 年两地市 $O_3$ 单项指数均保持在 0.9 以上。

从各污染指标贡献率(单项指数占比)来看(图 1.9),"十三五"时期宁夏 $O_3$ 在 6 项监测污染指标中贡献率明显上升,由 2015 年 16.4% 上升至 2020 年 21.5%,上升了 31.1%。2020 年 5 地市 $O_3$ 对环境空气质量综合指数贡献率较 2015 年均有上升,增幅在 3.8~7.9 个百分点,银川市增加幅度最大。总体来看,"十三五"期末宁夏空气质量总体是改善的,但从各项指标贡献来看,$O_3$ 污染凸显,将成为继 $PM_{2.5}$ 和 $PM_{10}$ 后影响宁夏城市环境空气质量的最主要污染物之一。

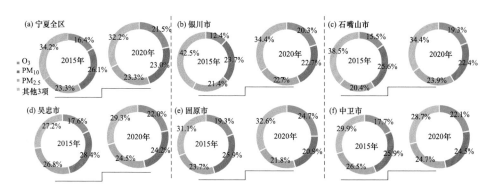

图 1.9 2015—2020 年宁夏及 5 地市各污染指标浓度贡献率

## 1.2 银川都市圈臭氧时空变化特征

### 1.2.1 年变化

对银川都市圈 2015 年 1 月至 2019 年 12 月 $O_3$ 日最大 8 h 平均浓度进行统计,绘制了全年变化趋势(图 1.10),由图可知,2015 年 1 月至 2019 年 12 月 $O_3$ 日最大 8 h 平均浓度为 23.57~231.81 $\mu g/m^3$,平均值为 99.62 $\mu g/m^3$;日最大 8 h 平均浓度

＞160 $\mu g/m^3$ 共出现 79 d,主要分布在 6—8 月,其中以 6、7 月居多,分别出现 26 d 和 28 d。以 $O_3$ 小时均值国家二级标准浓度限值(200 $\mu g/m^3$)对观测期间的小时浓度进行评价可知,$O_3$ 小时浓度共有 69 d 超标,最大时均浓度为 483.5 $\mu g/m^3$,高达国家二级标准的 2.4 倍,超标时段主要出现在 13:00—17:00。$O_3$ 小时浓度大于 200 $\mu g/m^3$ 且持续 4 h 以上共出现 7 d,其中最长一次持续出现 10 h,发生在 2015 年 12 月 1 日 03:00—11:00。

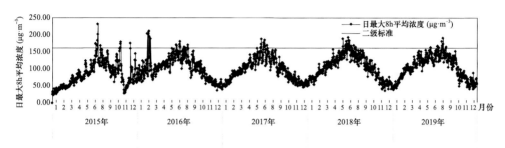

图 1.10　2015—2019 年银川都市圈 $O_3$ 日最大 8 h 平均浓度变化

## 1.2.2　季节和月变化

从季节和月变化特征(图 1.11)分析来看,银川都市圈 12 个站点中 $O_3$ 作为首要污染物的占比在夏季达到了 42%,秋、春两季分别为 8%、7%,冬季最少为 5%,$O_3$ 浓度呈现出夏季＞春季＞秋季＞冬季的变化特征。这是由于夏季受到区域性传输和经地面大气环境促使光化学反应增强等因素,$O_3$ 均值较其他季节增加明显。$O_3$ 浓度月变化呈"单峰"形态,高浓度值主要集中在 4—9 月,小时值超过一级标准(160 $\mu g/m^3$)限值,其中 5—8 月的污染程度较高,7 月最为严重,超标率达 18%。

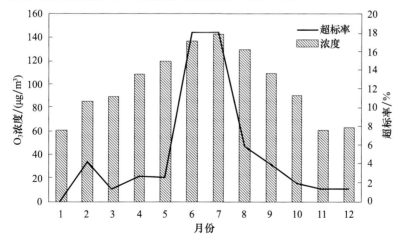

图 1.11　2015—2019 年银川都市圈 $O_3$ 浓度和超标率月变化

### 1.2.3　日变化

银川都市圈 $O_3$ 小时浓度日变化与近地面大气光化学过程密切相关,呈"单峰单谷"形态(图 1.12), $O_3$ 小时浓度最小值出现在清晨 08:00 前后,随后迅速上升,至午后 16:00 达到一天中的最大值,然后开始逐渐下降。这主要是受 $NO_x$ 和 VOCs 等前体物浓度、光化学反应强度以及大气扩散能力共同作用而形成,夜间生成 $O_3$ 的光化学反应较弱,日出后由于早高峰的出现,汽车尾气导致 NO 增加,而 $O_3$ 会将 NO 氧化为 $NO_2$ 不断消耗 $O_3$,导致 $O_3$ 浓度较低。但随着太阳辐射的增强和温度的升高,大气光化学反应加剧, $O_3$ 浓度逐渐升高,直至 15:00—16:00 达到峰值,之后随着太阳辐射强度逐渐减弱,前体物光化反应减缓, $O_3$ 生成减少,加之下班高峰期导致 NO 增加, $O_3$ 再次被不断的消耗,致使 $O_3$ 浓度逐渐下降。由于 20:00 之后光化学反应基本停滞,同时, $O_3$ 受 NO 滴定作用不断消耗,夜间 $O_3$ 维持在低值。 $O_3$ 最高值并未出现在正午 12:00,主要是由于 $O_3$ 前体物经光化学反应转化为 $O_3$ 的滞后性所引起的。

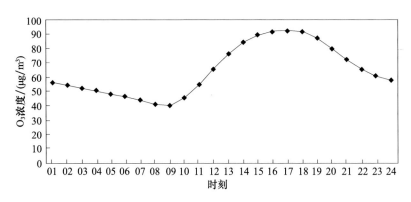

图 1.12　2015—2019 年银川都市圈 $O_3$ 浓度日变化

### 1.2.4　总体变化

从图 1.13 中可以看出, $O_3$ 浓度呈明显的波动变化,由于太阳辐射、气温等气象条件的季节变化, $O_3$ 浓度呈现出夏季高、冬季低的特点。银川市及周边石嘴山市、宁东基地密集分布着以煤炭和煤化工为主的大小工业园区,且普遍被认为是 $O_3$ 前体物重要排放源的机动车,银川市区其保有量也是位居宁夏之首。银川市又是西北靠贺兰山脉,东依黄河,城区地形总体呈西南—东北方向倾斜,沿山脉极容易形成污染物传输带,较不利于大气污染物的水平输送和扩散,使污染物容易在市区内积聚。

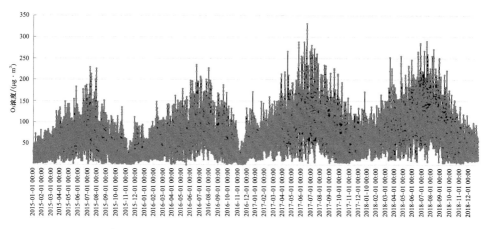

图 1.13　2015—2018 年银川市 O₃ 浓度小时值时间序列

表 1.4　2015—2018 年银川市 O₃ 日均值　　　　　　单位：$\mu g/m^3$

| 季节 | 90 百分位 | 50 百分位 | 30 百分位 | 最小值 | 最大值 | 超标日数[1]（二级标准） | 超标日数[2]（一级标准） |
|---|---|---|---|---|---|---|---|
| 2015 年春 | 122 | 91 | 80 | 47 | 165 | 1 | 32 |
| 2015 年夏 | 163 | 112 | 100 | 47 | 201 | 11 | 65 |
| 2015 年秋 | 84 | 56 | 40 | 7 | 104 | 0 | 2 |
| 2015 年冬 | 69 | 48 | 39 | 10 | 95 | 0 | 0 |
| 2016 年春 | 158 | 109 | 98 | 53 | 207 | 9 | 63 |
| 2016 年夏 | 176 | 141 | 120 | 53 | 220 | 24 | 78 |
| 2016 年秋 | 123 | 71 | 61 | 29 | 166 | 1 | 28 |
| 2016 年冬 | 104 | 66 | 51 | 24 | 136 | 0 | 13 |
| 2017 年春 | 161 | 116 | 105 | 66 | 243 | 10 | 73 |
| 2017 年夏 | 210 | 151 | 132 | 66 | 262 | 36 | 85 |
| 2017 年秋 | 117 | 84 | 75 | 33 | 177 | 2 | 28 |
| 2017 年冬 | 91 | 63 | 56 | 28 | 105 | 0 | 2 |
| 2018 年春 | 162 | 123 | 116 | 41 | 203 | 11 | 86 |
| 2018 年夏 | 184 | 157 | 131 | 41 | 239 | 36 | 86 |
| 2018 年秋 | 122 | 86 | 66 | 30 | 154 | 0 | 30 |
| 2018 年冬 | 102 | 67 | 56 | 23 | 116 | 0 | 11 |

注：超标日数[1] 为超过《环境空气质量标准》(GB 3096—2012)O₃-8h 二级标准值 160 $\mu g/m^3$ 的天数；超标日数[2] 为超过 O₃-8h 一级标准值 100 $\mu g/m^3$ 的天数。

　　表 1.4 是 2015—2018 年银川市城区 O₃-8h 日均浓度的统计特征。除冬季外，其他季节均存在超过《环境空气质量标准》二级标准限值(160 $\mu g/m^3$)的现象，为更客观全面反映臭氧浓度分布特征，按照《环境空气质量标准》一级标准限值(100 $\mu g/m^3$)，一

13

般冬季很难达到一级标准限值,说明银川市城区 $O_3$ 浓度总体水平偏高。夏季时段 $O_3$ 浓度最大值、百分位数均明显高于其他季节,银川市 2015—2018 年夏季 $O_3$-8h 第 90 百分位数均存在超标现象,各季节 $O_3$ 浓度值及超标日数总体特征为:夏季>春季>秋季>冬季,按照一级标准限值评价,即使是冬季银川市 $O_3$ 浓度也会出现超标情况,这表明银川市近几年大气光化学污染呈现出有增无减的发展态势,同时也表明了开展大气光化学污染观测与研究工作的必要性和紧迫性。

### 1.2.5 空间变化

银川都市圈 $O_3$ 污染存在明显的空间变化特征(图 1.14),整体呈现贺兰山沿山浓度高、东部次之和西南部较低的分布特征。这是因为受到贺兰山高大地形的遮挡,污染物集聚无法扩散,致使贺兰山沿山较其他地区严重。从年平均浓度来看, $O_3$

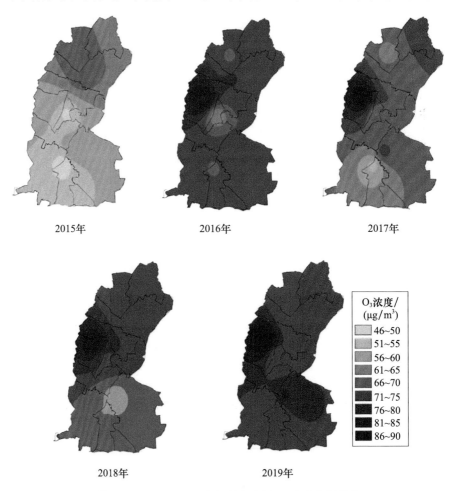

图 1.14　2015—2019 年银川都市圈 $O_3$ 浓度空间分布

浓度整体呈增加趋势,以西南部增加最为明显。银川、吴忠、宁东的高浓度与人口分布和地理位置有关,特别是银川、吴忠人口高密集区 $O_3$ 污染水平总体较高,呈发展趋势,宁东因为产业占比较高,前体物排放较其他区域突出。

## 1.3　银川市臭氧时空变化特征

银川市是宁夏回族自治区省会,位于宁夏平原中部,总面积 9025.38 $km^2$,总人口 225.06 万。银川市东与吴忠市盐池县接壤,西依贺兰山与内蒙古自治区阿拉善盟阿拉善左旗为邻,南与吴忠市利通区、青铜峡市相连,北接石嘴山市平罗县,与内蒙古自治区鄂尔多斯市鄂托克前旗相邻(以明长城为界)。银川市区地形分为山地和平原两大部分。西部、南部较高,北部、东部较低,略呈西南—东北方向倾斜,属于温带大陆性气候,主要气候特点是:四季分明,春迟夏短,秋早冬长,昼夜温差大,雨雪稀少,蒸发强烈,气候干燥,风大沙多等。年平均气温 8.5 ℃ 左右,年平均日照时数 2800~3000 h,是中国太阳辐射和日照时数最多的地区之一,年平均降水量 200 mm 左右。

银川都市圈以服务业为主,周边石嘴山市、宁东基地能源结构单一,以煤炭和煤化工为主,煤炭占总能源的 70% 以上。随着社会经济的不断发展,机动车尾气又逐渐成为影响银川大气污染的重要源头。据统计,2018 年银川市机动车保有量已达到 70 余万辆。随着城市汽车尾气排放的 $NO_x$、CO 和 VOCs 等光化学前体物迅速增加,在不利污染物扩散气象条件和地形因素的影响下,银川市空气中 $O_3$ 浓度明显升高。

### 1.3.1　日变化

图 1.15 为银川市 2015—2018 年期间观测的 $O_3$ 浓度小时值的日变化统计,可以看出,一日当中的 $O_3$ 浓度变化与近地面大气光化学过程密切相关,单峰型特征明显。一天 24 h 太阳照射角度不断变化,$O_3$ 浓度小时值也随着太阳辐射强度的变化而呈现周期往复,昼间浓度高,夜间浓度保持在较低水平。可以看出,$O_3$ 浓度晨间日出时分最低,这主要是因为夜间近地面 $O_3$ 的积聚及 $O_3$ 在大气化学反应中进一步的消耗所致。随着日出,光化学反应逐渐增强,$O_3$ 浓度开始上升,往往于 09:00 开始快速上升,14:00 左右达到峰值后逐渐降低,直至 17:00—18:00 变化趋于平缓,并维持高值,至夜间 23:00 快速下降,后维持一个较低浓度至第二天日出。从 $O_3$ 小时浓度百分位数等统计值看出,昼间 $O_3$ 浓度小时均值中间值(50 百分位数)高于平均值,说明 $O_3$ 浓度昼间对全天贡献大于夜间。从图 1.15 和图 1.16 中都能看出,各时刻的最大 $O_3$ 浓度均大于 160 $\mu g/m^3$,超过了《环境空气质量标准》(GB 3096—2012)的二级标准限值,若按照一级标准限值(100 $\mu g/m^3$)评价,$O_3$ 小时浓度几乎全时段超标。

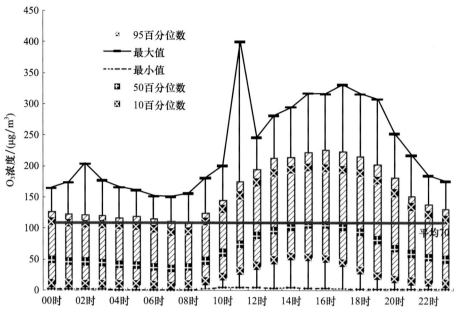

图 1.15　2015—2018 年银川市臭氧浓度日变化

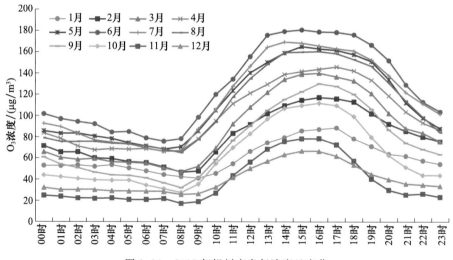

图 1.16　2018 年银川市臭氧浓度日变化

### 1.3.2　季节变化

为便于统计和比较,将四个季节划分为春季(3—5 月)、夏季(6—8 月)、秋季(9—11 月)和冬季(12 月至次年 2 月)。

图 1.17 为银川市 2015—2018 年各季节 $O_3$ 浓度均值统计分布图。夏季时段 $O_3$ 浓度分布比较分散,冬季分布较为集中。总体而言,春、夏季 $O_3$ 浓度要高于秋、冬季。

$O_3$ 浓度在夏季偏高,由于该时段在强太阳辐射下,出现了高温等有利于 $O_3$ 产生条件所致。据了解,北半球中纬度地区春季 $O_3$ 浓度出现高峰是一个较为普遍现象,一般认为是平流层 $O_3$ 向对流层输送。

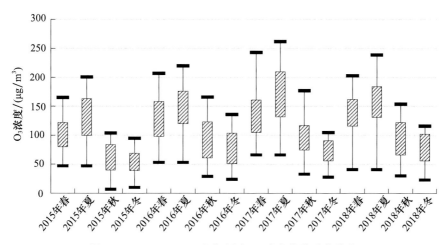

图 1.17　2015—2018 年银川市 $O_3$ 浓度均值季节分布

　　图 1.18 为 2018 年 $O_3$ 浓度各季节平均日变化情况。夏季 $O_3$ 浓度最小值在 08:00,冬季最小值在 09:00,春季和秋季均在 08:00,这与冬季日出时间较晚、春夏秋季日出较早有关。银川市春季和夏季 $O_3$ 浓度在各时刻均高于秋季和冬季,而且夏季和秋季的 $O_3$ 浓度变化幅度明显高于春季和冬季。无论昼间(07:00—21:00)或是夜间(22:00 至次日 06:00),夏季 $O_3$ 浓度始终高于春季,说明夏季活跃的大气光化学反应,昼间受到强日照和高温等因素的影响下,$O_3$ 浓度非常高,夜间虽然 $NO_x$、$VOCs$ 等污染物在大气光化学反应下对 $O_3$ 消耗较快,导致 $O_3$ 浓度迅速下降,但总体上升下降幅度保持高度的一致性。

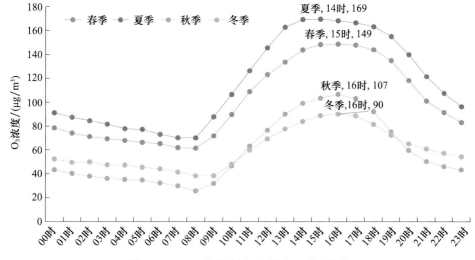

图 1.18　2018 年银川市 $O_3$ 浓度四季日变化

### 1.3.3 周末和非周末对比

受城市生产活动规律的影响,机动车以及工业生产活动向近地面排放污染物存在着一定的变化规律。城市环境空气中 $O_3$ 浓度在周末(周六、周日)和非周末(周一至周五)的变化规律存在一定差异。图 1.19 为 2018 年 1—12 月周末和非周末 $O_3$ 浓度日变化规律的对比。非周末大气中的 $NO_x$ 和 VOCs 等 $O_3$ 前体物浓度明显高于周末,导致非周末 $O_3$ 浓度明显高于周末,主要是因为非周末的交通和生产活动频率要高于周末。观测数据结果显示,14:00—17:00 银川市非周末和周末臭氧浓度没有明显差异,夜间 22:00 至次日 06:00 非周末 $O_3$ 浓度明显高于周末,08:00—20:00 周末与非周末 $O_3$ 浓度无明显差距。整体来讲,银川市臭氧浓度变化无明显周末效应。12:00—14:00 部分时段出现周末 $O_3$ 浓度的日变化幅度大于非周末现象,一般认为,造成这种现象的原因与大气能见度有着密切的关系,非周末人类活动频繁,城市空气颗粒物浓度高于周末,这就是说,非周末光透过率低于周末,对大气光化学反应有一定的削弱作用。

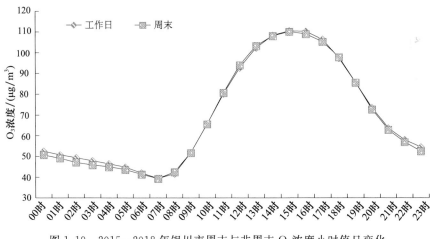

图 1.19 2015—2018 年银川市周末与非周末 $O_3$ 浓度小时值日变化

## 1.4 宁东能源化工基地臭氧时空变化特征

宁东能源化工基地(简称宁东基地)位于黄河东岸,距省会城市银川40 km,宁东基地规划区总面积 3484 km²,核心区面积 800 km²,是国务院批准的国家重点开发区,先后被确定为国家亿吨级大型煤炭基地、千万千瓦级煤电基地、现代煤化工产业示范区及循环经济示范区。地形平坦开阔,主要地貌形态为低山丘陵,包括低山、丘陵、洼地、沟谷等次级形态类型。地形总体呈中部高、南北低的特点。全年主导风向冬季为西北风,夏季为东南风。属于典型的大陆性季风气候,春迟秋早,四季分明、日照充足、蒸发强烈、气候干燥,全年日照时数 3080.2 h,年平均气温 8.8 ℃,年均降水量 206.2～255.2 mm。

　　为了考察宁东基地大气环境中 $O_3$ 及相关污染物浓度水平及变化规律,对 2017—2018 年宁东基地环境空气自动站 $O_3$ 浓度监测数据进行统计分析。

### 1.4.1　总体分布

　　对 2017—2018 年宁东基地 $O_3$ 小时平均浓度百分位数、最大值、最小值及超标日数进行统计分析(表 1.5),$O_3$ 小时浓度的最大值为 213 $\mu g/m^3$,出现在 2017 年 6 月 9 日和 2018 年 6 月 29 日,2017 年和 2018 年夏季 $O_3$ 浓度第 90 百分位数浓度分别为 176 $\mu g/m^3$ 和 164 $\mu g/m^3$,高于其他各季节 $O_3$ 百分位数浓度。春、夏季均有超标现象,宁东基地 2018 年 $O_3$ 超标日数明显减少,主要集中在夏季 6 月、7 月、8 月。

表 1.5　2017—2018 年宁东基地不同季节 $O_3$ 小时浓度　　　单位:$\mu g/m^3$

| 季节 | 90 百分位数 | 50 百分位数 | 30 百分位数 | 最小值 | 最大值 | 超标日数(二级标准) | 超标日数(一级标准) | 标准差 | 样本数/个 |
|---|---|---|---|---|---|---|---|---|---|
| 2017 年春 | 152 | 124 | 113 | 91 | 172 | 5 | 80 | 20.0 | 92 |
| 2017 年夏 | 176 | 145 | 128 | 91 | 213 | 28 | 86 | 27.8 | 92 |
| 2017 年秋 | 117 | 77 | 65 | 40 | 149 | 0 | 23 | 25.3 | 92 |
| 2017 年冬 | 98 | 71 | 51 | 32 | 118 | 0 | 7 | 22.4 | 92 |
| 2018 年春 | 135 | 66 | 55 | 30 | 165 | 1 | 18 | 31.2 | 92 |
| 2018 年夏 | 164 | 131 | 114 | 30 | 239 | 11 | 85 | 26.8 | 92 |
| 2018 年秋 | 126 | 93 | 79 | 39 | 143 | 0 | 31 | 23.8 | 92 |
| 2018 年冬 | 61 | 44 | 38 | 22 | 77 | 0 | 0 | 11.7 | 92 |

　　统计 2017—2018 年宁东基地 $O_3$ 浓度小时平均值频率分布情况,见图 1.20。可以看出,$O_3$ 浓度在 60～80 $\mu g/m^3$ 之间分布最大,占总数的 24.87%。总体来看,$O_3$ 浓度分布在 160 $\mu g/m^3$ 以下,占 95.68%。观测期间超标率(即>160 $\mu g/m^3$)为 4.32%。

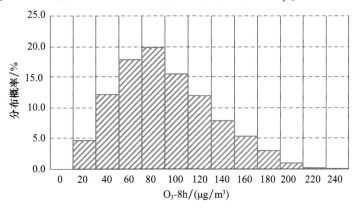

图 1.20　2017—2018 年宁东基地 $O_3$ 浓度小时平均值频率分布

### 1.4.2 日变化

各月 $O_3$ 浓度一日当中的最大值一般出现在中午和午后(图 1.21),夏季各月中,2018 年 6 月 $O_3$ 第 90 百分位数的最大值出现在 13:00,而 7 月和 8 月均出现在 16:00,分别为 154 $\mu g/m^3$ 和 142 $\mu g/m^3$(图 1.22)。日出时间直接影响 $O_3$ 小时浓度最小值出现时间,6 月 $O_3$ 第 90 百分位数的最小值出现在 08:00,而 7 月和 9 月均出现在 07:00。2018 年 6 月 $O_3$ 小时浓度的变化幅度大于 7 月和 9 月,而且夜间 $O_3$ 浓度相对较高,夜间 $O_3$ 消散速率慢于非工业城市。

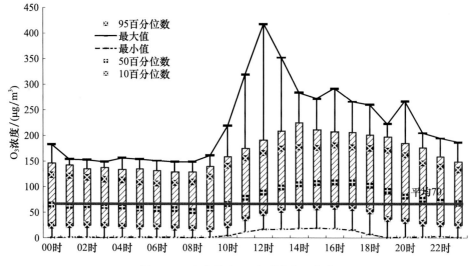

图 1.21　宁东基地 $O_3$ 小时浓度日变化

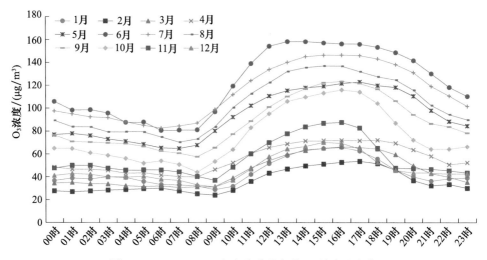

图 1.22　2017—2018 年宁东基地各月 $O_3$ 浓度日变化

### 1.4.3　宁东基地与银川市臭氧浓度对比

（1）日变化对比

图 1.23 为 2018 年 5—8 月宁东基地和银川市 O₃ 浓度的平均日变化情况。两者变化趋势基本是一致的。夜间 O₃ 浓度保持了较低水平,07:00—08:00 最低,日出以后随着太阳辐射的增强,O₃ 浓度逐渐上升,在中午和午后出现一日当中的最高值,随后 O₃ 浓度迅速降低。6—8 月宁东基地 O₃ 小时浓度 00:00—10:00 及 22:00—23:00 期间各个时刻均高于银川市,尤其夜间(00:00—06:00 及 22:00—23:00)O₃ 小时浓度均值较银川市偏高 7.0%。对 5—8 月各月两城市 O₃ 小时浓度日变化进行对比,结果表明,5—8 月 O₃ 小时浓度变化趋势基本一致,宁东基地和银川市夜间各时刻 O₃ 小时浓度差别并不明显,但是 5 月昼间部分时段(11:00—19:00)银川市各时刻 O₃ 小时浓度明显高于宁东基地,小时平均浓度偏高 17.8%。

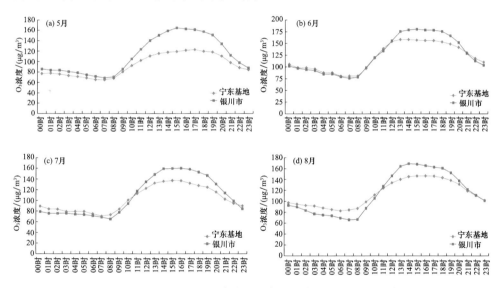

图 1.23　2018 年 5—8 月宁东基地与银川市 O₃ 小时浓度日变化

（2）日际变化对比

图 1.24 为 2017—2019 年宁东基地和银川市 O₃ 浓度的日际变化对比。可以看出,两地 O₃ 浓度的日际变化趋势一致,但 6—8 月 O₃ 相关系数仅为 0.004,两地 O₃ 日均值几乎不相关,这可能与主导风向、地形地貌等有密切关系。由图中可以看出,2018 年 7—8 月宁东基地和银川市 O₃ 浓度日均值比较接近,银川市总体高于宁东基地。根据气象资料,7—8 月银川市日平均气温高于宁东基地,日平均相对湿度低于宁东基地,低湿度、强日照有利于 O₃ 的生成,所以,两地气象条件的差异是造成宁东基地 O₃ 浓度明显偏低于银川市的主要原因。

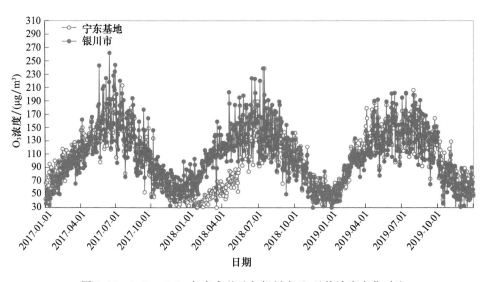

图 1.24　2017—2019 年宁东基地与银川市 O₃日均浓度变化对比

# 第 2 章

# 臭氧与气象条件的关系

近地面臭氧浓度的变化与气象要素密切相关,会受到气温、湿度、风等气象要素的综合影响。辐射和温度决定着近地层光化学反应强度,云量少、气温高、日照长、湿度低,有利于光化学反应的进行,能够促进臭氧的生成(谈建国 等,2007;丁国安 等,1995;Jia et al.,2014;Wang et al.,2016)。风向和风速影响近地层 O$_3$ 及其前体物的水平扩散,小风速通常有利于局地 O$_3$ 浓度的累积,同时 O$_3$ 浓度与风向的相关性也很大(赵辉 等,2016)。天气静稳能够使臭氧积聚。

## 2.1 银川都市圈不同功能区臭氧与气象条件的相关性分析

对 O$_3$ 浓度与各气象要素的相关关系分析表明(表 2.1),与 O$_3$ 浓度相关性较强的气象要素有风速、风向、气温、相对湿度等;O$_3$ 浓度与风速、气温呈明显的正相关,与相对湿度呈明显的负相关,宁东基地除了与气温呈现较为明显的正相关外,与其他气象因子相关性表现均较差,这也说明气象因子在不同区域表现的相关性不一样。选用银川市区代表城区,贺兰山马莲口代表郊区,沙湖旅游区代表旅游景区,宁东基地代表工业园区,分析银川都市圈不同功能区 O$_3$ 污染与气象因子的关系。

表 2.1　银川都市圈代表站点 O$_3$ 浓度与气象因子的相关系数

| 站点 | 风速 | 气温 | 最高气温 | 最低气温 | 相对湿度 |
|---|---|---|---|---|---|
| 银川市区 | 0.353 | 0.629 | 0.622 | 0.622 | −0.423 |
| 贺兰山马莲口 | 0.129 | 0.556 | 0.568 | 0.522 | −0.095 |
| 惠农 | 0.338 | 0.650 | 0.648 | 0.650 | −0.383 |
| 大武口 | 0.364 | 0.663 | 0.584 | 0.588 | −0.452 |
| 沙湖旅游区 | 0.242 | 0.688 | 0.691 | 0.691 | −0.510 |

| 站点 | 风速 | 气温 | 最高气温 | 最低气温 | 相对湿度 |
|------|------|------|----------|----------|----------|
| 宁东基地 | 0.177 | −0.739 | 0.751 | 0.755 | −0.272 |
| 高级中学 | 0.183 | 0.363 | 0.362 | 0.364 | −0.171 |

### 2.1.1 气温对臭氧浓度的影响

对代表站点的 $O_3$ 浓度与气温进行统计分析可知(图 2.1),随着气温的不断升高,$O_3$ 浓度不断增大,当气温大于 10 ℃,$O_3$ 超标率开始大于 0,说明 $O_3$ 超标主要出现在气温 10 ℃以上。气温变化能较好地反映太阳辐射强度的变化,气温升高时太阳辐射增强,有利于大气光化学反应,从而导致 $O_3$ 浓度增大。当气温大于 25 ℃,$O_3$ 超标率开始大幅度上升,气温大于 30 ℃,上升速率明显增加,并在 35 ℃以上区间达到最大值。

### 2.1.2 相对湿度对臭氧浓度的影响

银川市区、贺兰山马莲口、沙湖旅游区、宁东基地的 $O_3$ 浓度与相对湿度都呈现明显的负相关性,都是随着相对湿度的增加而减小。由图 2.2 可见,银川市区、贺兰山马莲口、沙湖旅游区表现较为一致,在相对湿度低于 30%时,$O_3$ 浓度均超过 100 $\mu g/m^3$,超标率整体随着相对湿度增加而增大,其中当相对湿度在 20%~30%时,超标率均表现得最突出,说明该范围是该区域发生光化学污染的关键相对湿度范围。当相对湿度在 30%~60%时,$O_3$ 浓度随着相对湿度的增加迅速下降。而宁东基地主要超标发生在相对湿度 40%~50%时,当相对湿度在 50%~60%时,$O_3$ 浓度迅速减小。几个代表站点均在相对湿度达到 60%以上时,超标率趋向于零,这说明水汽较多时,对紫外辐射的消光作用加强,导致紫外辐射减弱,不利于光化学反应,同时高相对湿度是形成湿清除的重要指标,影响 $O_3$ 前体物浓度,不利于 $O_3$ 浓度的积累,此外,大气中的水汽反应也会消耗 $O_3$。

### 2.1.3 风对臭氧浓度的影响

风主要影响的是污染物的干清除,其大小直接影响空气污染物的水平扩散能力,从而影响污染物的稀释扩散。风速对污染物的影响主要有两个方面,一是风速的增加可以抬高大气边界层的高度,垂直运动加强,有利于对流层顶 $O_3$ 向近地层传输,二是风速的增加增强了大气水平扩散能力。当风速小于 2.5 m/s 时,$O_3$ 超标率最高,这是因为此时风速较小,垂直向下的输送能力大于水平扩散能力,导致 $O_3$ 浓度随风速增加而增大,当风速在 2.5~5.5 m/s 时,水平扩散占领主导地位,$O_3$ 浓度逐渐降低,当风速大于 7.5 m/s 时,除贺兰山马莲口外,其他代表站点基本上未超标(图 2.3)。

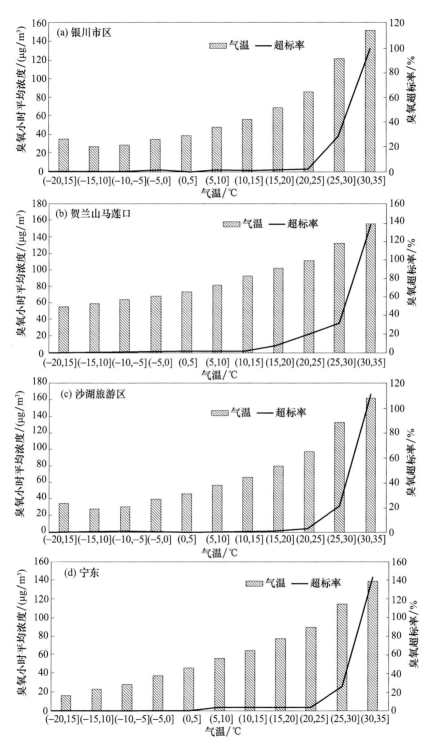

图 2.1　代表站点 $O_3$ 浓度与气温的相关性

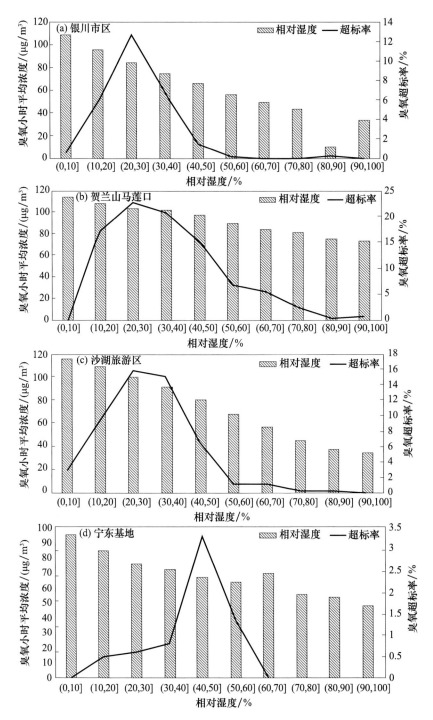

图 2.2　代表站点 O₃ 浓度与相对湿度的相关性

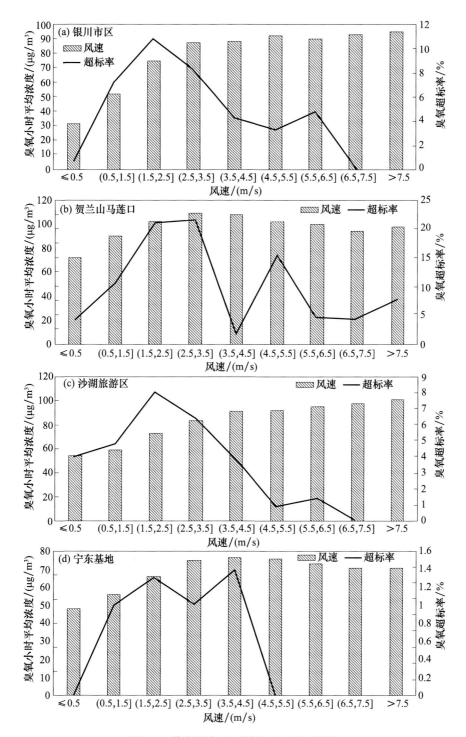

图 2.3　代表站点 O₃ 浓度与风速的相关性

而风向决定了污染物的传输方向,由图2.4可知,银川市区的主导风向主要以东北风为主,西南风次之,当银川市区的主导风向为东南风、西北风时,$O_3$超标率最高,达31.3%,贺兰山马莲口主导风向以偏西风为主,偏南风次之,当主导风向为东南风时,$O_3$超标率最高,达46.6%,这是因为在两站的西北方向受到贺兰山的阻挡,污染物集聚无法扩散,导致$O_3$浓度较大。沙湖旅游区的主导风向主要以东北风为主,此风向的$O_3$浓度均较低,而当主导风向为偏西风时,$O_3$浓度就比较大,超标率也高于其他风向,$O_3$超标率达到68.5%。宁东主导风向以东北风为主,西南风次之,当主导风向为偏北风时,$O_3$超标率最高,达88.6%。

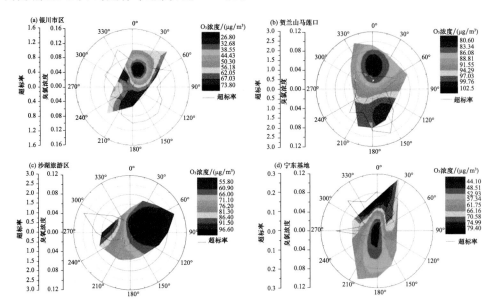

图2.4 代表站点风向对$O_3$浓度的影响

## 2.2 臭氧污染的大气环流特征

2014—2016年银川市$O_3$-8h达到轻度及以上污染日数共有163 d,对臭氧污染日500 hPa环流场进行分型,大致分为五类:槽脊型72 d(44%)、宽广低槽型35 d(21%)、副高型26 d(16%)、东北高脊型13 d(8%),由于剩余的17个臭氧污染日的环流形势出现次数较少,统一归为其他型。

### 2.2.1 大气环流分型

图2.5是银川市区臭氧污染日不同分型的500 hPa位势高度场合成。①槽脊型(图2.5a)。500 hPa我国东北、华北地区及其以东洋面上空存在一深厚的低槽或低涡,低涡中心位于黑龙江至长江三角洲纬度范围内,与低涡相配合的冷槽或单独的

低槽可以影响到华中和华东地区。低值系统上游新疆至宁夏银川一带受广阔的高压脊或一槽一脊控制(少数情况受多个短波槽控制),青藏高原地区常伴有高原槽或南支槽发展,银川市区处于槽后脊前或脊中。②宽广低槽型(图 2.5b)。500 hPa 我国北方、蒙古及中西伯利亚大面积区域存在广阔的低值系统,常伴随有 1～2 个低涡,银川市区处于低值系统底部较为平直的西风气流中,少数情况受短波槽影响,新疆至宁夏银川一带无明显脊存在。③副高型(图 2.5c)。此类臭氧污染主要出现在 7—8 月,500 hPa 银川市区上空受副热带高压(西太平洋副高或我国大陆高压单体)控制,或者距离副高较近且位势高度大于 584 dagpm。④东北高脊型(图 2.5d)。500 hPa 我国东北至华北地区上空受高压脊控制,新疆至华北地区西部为一脊一槽或两槽一脊,银川市区处于低槽中或脊前槽后。

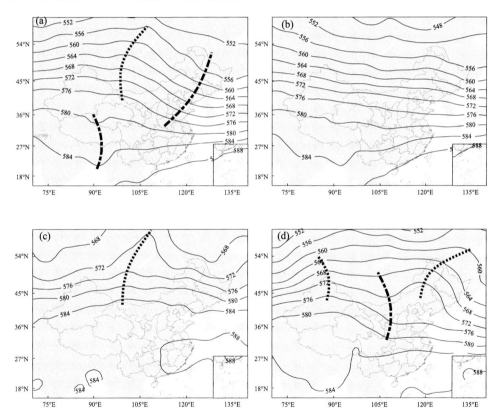

图 2.5　2014—2016 年银川市区 O₃ 污染日不同分型的 500 hPa 位势高度场合成

(单位:dagpm;点线表示脊线,点划线表示槽线)

(a)槽脊型;(b)宽广低槽型;(c)副高型;(d)东北高脊型

## 2.2.2　臭氧污染日的天气特征

在银川市区 163 个臭氧污染日中(表 2.2),近地层逆温出现比例最高为 79%,海平面低压(或倒槽)比例次之,为64％,700 hPa、850 hPa温度脊(或暖区)分别为50％和55％;除副高型中逆温层的比例低于低压(或倒槽)和700 hPa、850 hPa温度脊(或暖区)外,其余4种类型中逆温层的比例(74％以上)均高于其他影响系统。另外,同时不受低压(或倒槽)以及逆温层影响的臭氧污染日有14 d,只占总数的9％。

从物理机制上看,700 hPa、850 hPa温度脊(或暖区)表征了大气中低层受暖性气团影响,暖性气团距离地面较远,仅利于近地面气温升高;海平面低压(或倒槽)不仅有利于近地面气温升高,还对近地层臭氧有汇集作用,且距离低压中心越近,辐合汇集作用越强;逆温层的存在可使臭氧及其前体物无法向高空扩散,致使污染物在近地层不断累积,导致臭氧浓度持续上升。

**表2.2　700 hPa、850 hPa温度脊或暖区、低压(或倒槽)以及逆温层在5类环流类型中出现的日数和比例**

| 环流形势类型 | 700 hPa 温度脊 | | 850 hPa 温度脊 | | 低压 | | 逆温层 | | 无低压和逆温层 | |
|---|---|---|---|---|---|---|---|---|---|---|
| | 日数/d | 比例/％ | 日数/d | 比例/％ | 日数/d | 比例/％ | 日数/d | 比例/％ | 日数/d | 比例/％ |
| 槽脊型 | 38 | 53 | 38 | 53 | 40 | 56 | 59 | 82 | 9 | 13 |
| 宽广低槽型 | 11 | 31 | 18 | 51 | 23 | 66 | 26 | 74 | 3 | 9 |
| 副高型 | 21 | 81 | 20 | 77 | 23 | 88 | 17 | 65 | 0 | 0 |
| 东北高脊型 | 3 | 23 | 5 | 38 | 6 | 46 | 12 | 92 | 1 | 8 |
| 其他类型 | 8 | 47 | 8 | 47 | 13 | 76 | 14 | 82 | 1 | 6 |
| 所有类型 | 81 | 50 | 89 | 55 | 105 | 64 | 128 | 79 | 14 | 9 |

综上所述,与700 hPa、850 hPa温度脊(或暖区)相比,近地层的低压(或倒槽)和逆温层更有利于近地面臭氧浓度上升,是产生银川市区臭氧污染的主要天气系统。在东北高脊型环流形势中,700 hPa、850 hPa温度脊(或暖区)和低压(或倒槽)出现的比例最低,逆温层的比例最高为92％,说明逆温层更有利于产生臭氧污染天气。在副高型环流形势中,由于副热带高压是深厚的暖性系统,银川市区上空整层为暖性气团控制,700 hPa、850 hPa多为温度脊(或暖区)控制,地面多为低压控制,三系统出现的比例在五种环流类型中均为最高,而逆温层的比例为最低,说明暖性气团足够强,以至于未有逆温层的存在,也能够产生臭氧污染。另外,在副高型环流形势下没有低压(或倒槽)系统影响的3个臭氧污染日中,均存在逆温层,说明逆温层对臭氧污染的产生非常重要。在槽脊型臭氧污染日中,出现3次连续5 d的臭氧污染(2015年4月21—25日,2016年5月29日至6月2日,2016年6月10—14日);在副高型臭氧污染日中,出现1次连续8 d的臭氧污染(2016年7月24—31日),1次连续6 d的臭氧污染(2016年8月3—8日)。这两种环流形势下,影响银川市区的高空天气系统分别是高空脊和副高,与之相配合的海平面气压场通常为低压(或倒槽),在这两种高空系统影响下,银川市区多为晴朗少云天气,整层受下沉气流控制,近地面容易产生下沉逆温。高空脊和副高影响系统的持续,使得低压(或倒槽)和逆

温层连续出现,进而造成连续多日的臭氧污染,臭氧浓度最高时段往往出现在低压中心距离银川市区最近时期。

## 2.3 银川都市圈臭氧输送路径分析

### 2.3.1 后向轨迹聚类分析

HYSPLIT(Hybrid Single-Particle Lagrangian Integrated Trajectory)轨迹模式是由美国国家海洋和大气管理局(NOAA)和澳大利亚气象局共同研发的用于大气计算和分析污染输送、扩散轨迹的模式系统,该模式具有处理多种气象要素输入场、多种物理过程和不同类型污染物排放源的较为完整的输送、扩散和沉降过程的功能。TrajStat 软件采用 HYSPLIT 模式和 GIS 技术相结合,使用的气象数据为 NOAA 全球资料同化系统(Global Data Assimilation System,GDAS)提供的逐 6 h 气象数据。

利用 TrajStat 软件对 2015—2018 年宁夏 5 地市 5—10 月逐日到达各城市的后向气流轨迹进行聚类分析,并计算各类轨迹数占总轨迹数的比例(图 2.6),以分析各地市气团输送路径特征。

固原气流轨迹中,首先是来自陕西南部、甘肃东部的东南气流(聚类 3),占固原总轨迹的比例最高,为 32.2%;其次是来自内蒙古西南部和甘肃中部交界地带、宁夏中西部的短距离西北气流(聚类 4),占总轨迹的比例 24.4%;再次为源自哈萨克斯坦南部及我国新疆中北部、河西走廊的长距离西北气流(聚类 1),占总轨迹的比例为 20.9%;来自新疆东部、甘肃北部、内蒙古西南部的中距离西北气流(聚类 2)占总轨迹的比例为 14.2%;来自蒙古国中部,经我国内蒙古中西部、宁夏北部及中部的北方气流占总轨迹数的比例最低(聚类 5),为 8.3%。

石嘴山气流轨迹中,来自新疆中东部、内蒙古西部的中距离西北气流(聚类 3),内蒙古西部的短距离西北气流(聚类 2)和来自陕西中部、宁夏东部的东南气流(聚类 4)占总轨迹的比例较高,分别为 24.0%、23.3%和 20.6%;来自蒙古国中东部、我国内蒙古中西部的北方气流占比略低(聚类 5),为 18.2%;占比最低的为来自哈萨克斯坦中北部、我国新疆北部、蒙古国西南部、我国内蒙古西南部的长西北气流(聚类 1),占比为 13.9%。

吴忠气流轨迹中,首先是来自陕西中部、甘肃东北部、宁夏中东部的东南气流占总轨迹的比例最高(聚类 3),达 31.5%;其次是来自甘肃中部、内蒙古西南部的短距离西北气流(聚类 5),占比为 21.9%;来自我国新疆东北部、蒙古国西南部、我国内蒙古西部的中距离西北气流和来自哈萨克斯坦东部、我国新疆中北部、甘肃北部、内蒙古西部的长距离西北气流(聚类 4)占总轨迹的比例分别为 18.8%和 15.9%;来自蒙古国中部、我国内蒙古中西部的北方气流占总轨迹的比例最低(聚类 2),为 11.9%。

银川气流轨迹中,首先是来自内蒙古西北部的短距离西北气流(聚类 5)占总轨迹的比例最高,为 28.1%;其次是来自新疆中北部、甘肃北部、内蒙古西部的中距离西北气流(聚类1),占总轨迹的比例为21.5%;再次是来自蒙古国中部、我国内蒙古中西部的北方气流(聚类2),占总轨迹的21.3%;来自陕西中南部、甘肃东北部、宁夏东部的东南气流(聚类3)占总轨迹的比例为17.3%;来自哈萨克斯坦、我国新疆北部、蒙古国西南部、我国内蒙古西部的长距离西北气流(聚类4)占总轨迹的比例较低,为11.8%。

中卫气流轨迹中,首先是来自新疆中东部、甘肃北部、内蒙古西南部的中距离西北气流占中卫气流总轨迹的比例最高(聚类1),为31.3%;其次是来自陕西西南部、甘肃东北部、宁夏南部的东南气流(聚类3),占总轨迹的比例为23.7%;再次是来自内蒙古西南部、甘肃中部的短距离西北气流(聚类5),占总轨迹的比例为22.3%;来自蒙古国中部、我国内蒙古中西部的北方气流(聚类2)占比较低,为15.8%;最低的为来自哈萨克斯坦中东部、我国新疆中北部、甘肃北部、内蒙古西南部的长距离西北气流(聚类4),占比为6.9%。

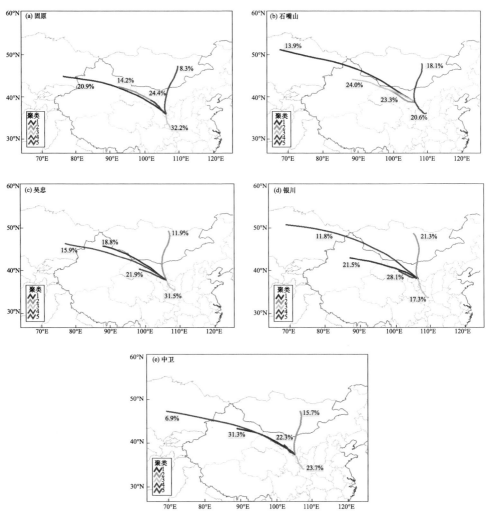

图 2.6　2015—2018 年宁夏 5 地市后向轨迹聚类分布

　　综上所述,对石嘴山、银川、吴忠而言,首先是中、短距离西北气流占总气流轨迹的比例最高,其次是东南气流,再次是北方气流,长距离西北气流占比最小;对中卫和固原来讲,占总轨迹比例最高的气流为东南气流,其次是短距离西北气流,再次是中、长距离西北气流,北方气流占总轨迹的比例最低。

## 2.3.2　不同气流轨迹对臭氧污染的影响

　　基于 5 个城市后向轨迹聚类结果,计算各类轨迹对应的 $O_3$ 及其前体物浓度和气象要素平均值(图 2.7),以分析各类气流轨迹对不同城市 $O_3$ 污染的影响。可以看出,对固原而言,来自蒙古国中部、我国内蒙古中西部、横穿宁夏北部和中部的北方气流(聚类 5)对应的平均日最大 $O_3$-8h 最高,为 119 $\mu g/m^3$,其对应的平均 $NO_2$ 浓度为 22 $\mu g/m^3$,对应的平均 CO 浓度为 0.592 $mg/m^3$,低于其他 4 类轨迹对应的 CO 浓度,对应的平均气温为 17 ℃,为 5 类轨迹中最高的,对应的相对湿度为 49.2%,为 5 类轨迹中最低的,对应的风速为 2.2 m/s。中距离西北气流(聚类 2)、东南气流(聚类 3)和短距离西北气流(聚类 4)对应的平均日最大 $O_3$-8h 分别为 106 $\mu g/m^3$、105 $\mu g/m^3$、105 $\mu g/m^3$,长距离西北气流(聚类 1)对应的平均日最大 $O_3$-8h 最低,为 102 $\mu g/m^3$。

　　源自陕西中部、宁夏东部的东南气流(聚类 4)对应的石嘴山平均日最大 $O_3$-8h 最高,为 135 $\mu g/m^3$,其对应的 $NO_2$ 和 CO 浓度分别为 23 $\mu g/m^3$ 和 0.707 $mg/m^3$,对应的气温和相对湿度分别为 22 ℃ 和 62%,均高于其他 4 类轨迹,对应的风速为 1.4 m/s。短距离西北气流(聚类 2)、北方气流(聚类 5)、中距离西北气流(聚类 3)和长距离西北气流(聚类 1)对应的平均日最大 $O_3$-8h 浓度分别为 133 $\mu g/m^3$、129 $\mu g/m^3$、127 $\mu g/m^3$ 和 119 $\mu g/m^3$。

　　来源于陕西中部、甘肃东北部、宁夏中东部的东南气流(聚类 3)对应的吴忠平均日最大 $O_3$-8h 是 5 类轨迹中最大的,为 119 $\mu g/m^3$,其对应的 $NO_2$ 和 CO 浓度分别为 18 $\mu g/m^3$ 和 0.592 $mg/m^3$,均是 5 类轨迹中最低的,对应的气温为 22 ℃,相对湿度为 56%,风速为 1.9 m/s,均为 5 类轨迹中最高的。短距离西北气流(聚类 5)、北方气流(聚类 2)、中距离西北气流(聚类 1)和长距离西北气流(聚类 4)对应的平均日最大 $O_3$-8h 分别为 106 $\mu g/m^3$、103 $\mu g/m^3$、96 $\mu g/m^3$、86 $\mu g/m^3$。

　　源自陕西中南部、甘肃东北部、宁夏东部的东南气流(聚类 3)对应的银川平均日最大 $O_3$-8h 较其他轨迹高,为 136 $\mu g/m^3$,其对应的平均 $NO_2$ 浓度为 25 $\mu g/m^3$,为 5 类轨迹中最低的,对应的平均 CO 浓度为 0.811 $mg/m^3$,对应的平均气温和平均相对湿度分别为 22 ℃ 和 58%,均高于其他 4 类轨迹,对应的风速为 1.6 m/s。北方气流(聚类 2)、短距离西北气流(聚类 5)、中距离西北气流(聚类 1)对应的平均日最大 $O_3$-8h 分别为 125 $\mu g/m^3$、121 $\mu g/m^3$ 和 120 $\mu g/m^3$,长距离西北气流(聚类 4)对应的平均日最大 $O_3$-8h 较低,为 110 $\mu g/m^3$。

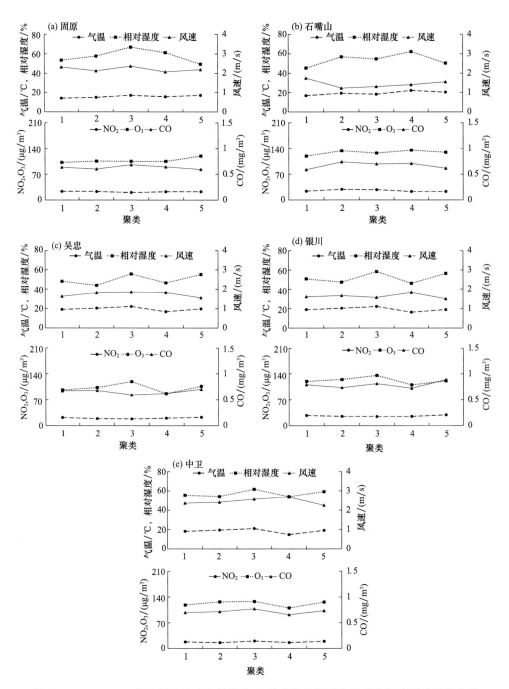

图 2.7 2015—2018 年宁夏 5 地市各类轨迹 O₃ 及其前体物平均浓度和气象要素聚类分析

对中卫来讲,来自陕西西南部、甘肃东北部、宁夏南部的东南气流(聚类 3)对应的平均日最大 O₃-8h 最大,为 128 μg/m³,其对应的 NO₂ 和 CO 浓度分别为 20 μg/m³

和 0.772 mg/m$^3$,对应的平均气温和平均相对湿度分别为 21 ℃和 62%,均是 5 类轨迹中最高的,对应的风速为 2.6 m/s。北方气流(聚类 2)、短距离西北气流(聚类 5)对应的平均日最大 $O_3$-8h 略低,分别为 127 $\mu$g/m$^3$ 和 126 $\mu$g/m$^3$,中距离西北气流(聚类 1)对应的平均日最大 $O_3$-8h 为 119 $\mu$g/m$^3$,长距离西北气流(聚类 4)对应的平均日最大 $O_3$-8h 最低,为 110 $\mu$g/m$^3$。

综上所述,影响固原 $O_3$ 浓度的最重要输送路径是来自蒙古国中部、我国内蒙古中西部,横穿宁夏北部和中部的北方气流,这可能是受宁夏北部石嘴山、银川等地 $O_3$ 浓度较高和固原南部六盘山的地形阻挡作用引起的。影响石嘴山、银川、吴忠和中卫 $O_3$ 浓度的最主要输送路径均为来自陕西中南部、甘肃东北部、宁夏中东部的东南气流,这可能是由于东南气流所经陕西、甘肃东部等区域均为人口密集、污染排放较重地区,致使其成为影响宁夏北部四市 $O_3$ 浓度的主要输送路径。

另外,$O_3$ 浓度最高的气流,其对应的 $NO_2$ 和 CO 浓度并非是最高的,这表明影响 $O_3$、$NO_2$ 和 CO 的输送路径存在一定差异。同时,发现 5 个地市 $O_3$ 浓度最高的气流对应的气温均较其他各类气流轨迹高,这说明气温高对 $O_3$ 浓度的升高至关重要。

<table>
<tr><td>第 3 章</td><td>VOCs 和 NO<sub>x</sub> 污染特征<br>及臭氧生成敏感性分析</td></tr>
</table>

# 第 3 章   VOCs 和 $NO_x$ 污染特征及臭氧生成敏感性分析

  臭氧主要是由挥发性有机化合物(VOCs)和氮氧化物($NO_x$)经过光化学反应的产物,所以分析 VOCs 和 $NO_x$ 的变化特征对臭氧污染治理至关重要。$NO_x$ 包括多种化合物,如一氧化二氮($N_2O$)、一氧化氮(NO)、二氧化氮($NO_2$)等。$NO_x$ 是生成臭氧的重要物质之一,与臭氧浓度和光化学污染紧密相关。VOCs 在光化学烟雾中扮演了重要角色,是引起光化学污染的主要因子之一(Shao et al.,2009),是大气光化学反应中的重要"燃料",其组分特征复杂,且体积分数有大幅上升趋势(Geng et al.,2007;Zhang et al.,2008),不同 VOCs 物种对光化学反应的贡献主要取决于其光化学活性(唐孝炎 等,2006),由 VOCs 引发的大气环境复合污染问题已成为当前的研究热点。

## 3.1   $O_3$ 及 $NO_x$、NO、$NO_2$ 变化特征

### 3.1.1   年变化

  图 3.1 为 2015—2019 年银川都市圈 $O_3$ 浓度第 90 百分位及 $NO_x$、NO、$NO_2$ 浓度年际变化,2015—2019 年银川市 $O_3$ 浓度"先升后降",2018 年相对较高,2015 年较低,2016—2019 年 $O_3$ 浓度超标,超标倍数分别为 0.05 倍、0.09 倍、0.17 倍、0.05 倍;石嘴山市 $O_3$ 浓度相对平稳,2015—2019 年无超标;吴忠市 $O_3$ 浓度"先降后升",2015 年相对较高,超标倍数为 0.08 倍,2016—2019 年无超标。整体来看,除 2015 年银川市 $O_3$ 浓度最低外,2016—2019 年均比石嘴山和吴忠两市高。

  2015—2019 年银川市 $NO_2$ 浓度变化不大,NO、$NO_x$ 浓度逐年减少,但银川市 $NO_x$ 浓度每年都比石嘴山和吴忠两市高,和银川市车流量多的关系比较大。

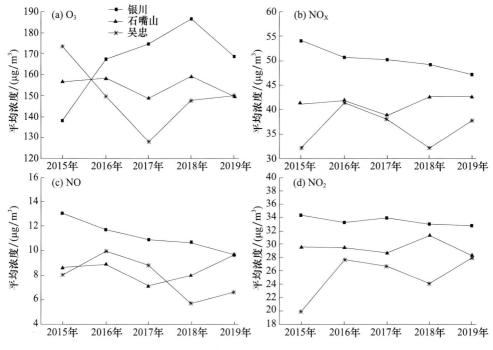

图 3.1　2015—2019 年银川都市圈 O$_3$ 及 NO$_x$、NO、NO$_2$浓度年际变化

### 3.1.2　日变化

如图 3.2 所示,银川都市圈 O$_3$ 及 NO$_x$、NO、NO$_2$的日变化具有不同的特征,O$_3$的日变化三市均呈单峰型分布,白天的浓度明显高于夜间,13:00—18:00 的浓度高于 80 $\mu g/m^3$,银川 16:00 达到峰值为 103.5 $\mu g/m^3$,石嘴山 15:00 达到峰值为 101.5 $\mu g/m^3$,吴忠 16:00 达到峰值为 91.1 $\mu g/m^3$,此后逐时减少,从夜间 22:00 至次日上午 09:00 一直维持在较低的水平,最低值出现在上午 08:00 前后。

NO$_x$、NO、NO$_2$的日变化表现出双峰结构,08:00—10:00、21:00—23:00 的浓度较高。由于 NO$_x$主要来自机动车的尾气排放,所以在上下班高峰期的值较高;夜间大气扩散能力较差,所以 NO$_x$的浓度较白天高。

### 3.1.3　O$_3$ 与 NO$_x$、NO、NO$_2$的相关性

对银川都市圈 2015—2019 年不同季节 O$_3$ 与 NO$_x$、NO、NO$_2$浓度的相关性进行统计分析,由表 3.1 可知,银川都市圈 O$_3$ 与前体物浓度基本呈负相关。从不同城市来看,银川市的相关性最好,吴忠市的相关性最差。从不同前体物来看,整体上 O$_3$ 与 NO$_x$的相关性比与 NO、NO$_2$的相关性好些。从不同季节来看,秋冬季的相关性比春夏季的相关性好些。

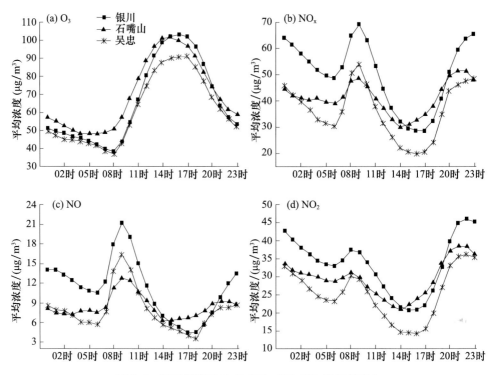

图 3.2　银川都市圈 $O_3$ 及 $NO_x$、$NO$、$NO_2$ 浓度日变化

表 3.1　2015—2019 年不同季节 $O_3$ 与 $NO_x$、$NO$、$NO_2$ 浓度的相关性系数

| 城市 | 项目 | 春季 | 夏季 | 秋季 | 冬季 | 全年 |
|---|---|---|---|---|---|---|
| 银川 | $NO$ | −0.54 | −0.54 | −0.54 | −0.54 | −0.54 |
| | $NO_2$ | −0.59 | −0.59 | −0.58 | −0.58 | −0.58 |
| | $NO_x$ | −0.62 | −0.62 | −0.61 | −0.61 | −0.62 |
| 石嘴山 | $NO$ | −0.44 | −0.14 | −0.54 | −0.59 | −0.43 |
| | $NO_2$ | −0.42 | −0.32 | −0.50 | −0.67 | −0.48 |
| | $NO_x$ | −0.51 | −0.24 | −0.61 | −0.70 | −0.51 |
| 吴忠 | $NO$ | −0.05 | −0.16 | −0.23 | −0.08 | −0.13 |
| | $NO_2$ | 0.22 | −0.07 | −0.39 | 0.05 | −0.04 |
| | $NO_x$ | 0.08 | −0.18 | −0.33 | −0.01 | −0.11 |

　　银川都市圈 $O_3$ 浓度及其超标率随 $NO$、$NO_2$、$NO_x$ 的变化特征如图 3.3 所示,由图可见,银川、石嘴山 $O_3$ 超标率随 $NO$ 浓度增加有所下降,但变化不明显,吴忠 $O_3$ 超标率随 $NO$ 浓度增加先升后降,当 $NO$ 浓度为 100 $\mu g/m^3$ 左右时,$O_3$ 超标率达到峰值为 12.7%。

　　银川 $O_3$ 超标率随 $NO_2$ 浓度增加先有所上升后下降,当 $NO_2$ 浓度为 30 $\mu g/m^3$ 左右时,O$_3$超标率达到峰值为 0.8%,石嘴山 O$_3$超标率随 NO$_2$浓度增加有所降低,吴忠 O$_3$超标率随 NO$_2$浓度增加先有所下降后上升,当 NO$_2$浓度>110 $\mu$g/m$^3$时,O$_3$超标率达为 22.4%。

银川、石嘴山 O$_3$超标率随 NO$_x$浓度增加先升后降,吴忠 O$_3$超标率随 NO$_x$浓度增加先有所下降后上升,当 NO$_x$浓度>150 $\mu$g/m$^3$左右时,O$_3$超标率达 6.9%。

石嘴山、吴忠 O$_3$浓度随 NO 浓度增加先下降后有所上升,银川 O$_3$浓度随 NO 浓度增加呈下降趋势;银川、石嘴山、吴忠 O$_3$浓度随 NO$_2$浓度、NO$_x$浓度增加整体呈下降趋势。

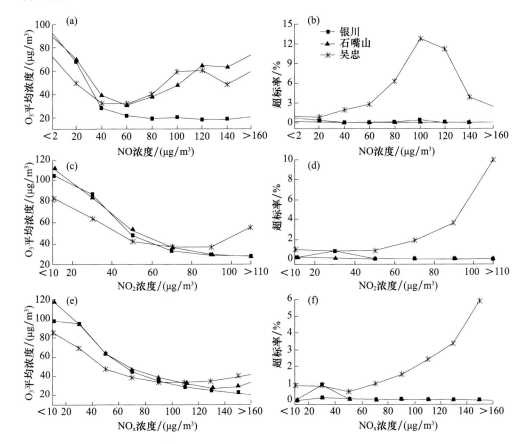

图 3.3　银川都市圈 O$_3$浓度及其超标率随 NO、NO$_2$、NO$_x$的变化

(左列:O$_3$浓度随 NO(a)、NO$_2$(c)、NO$_x$(e)的变化;右列:O$_3$超标率随 NO(b)、NO$_2$(d)、NO$_x$(f)的变化)

### 3.1.4　不同功能区 O$_3$及 NO$_x$、NO、NO$_2$变化特征

按照各站点功能的不同分为工业园区、风景旅游区、交通居民混合区及无人区(对照点),选择其中的宁煤烯烃(工业园区)、石嘴山沙湖旅游区(风景旅游区)、银川贺兰山东路和吴忠教育园区(交通居民混合区)、贺兰山马莲口(对照点)进行分析。

图 3.4 为 2017—2019 年选取的 5 站点 $O_3$ 浓度第 90 百分位及 $NO_x$、$NO$、$NO_2$ 浓度年际变化，2017—2019 年贺兰山东路、贺兰山马莲口、沙湖旅游区 $O_3$ 浓度"先升后降"，2018 年相对较高，$O_3$ 浓度超标较严重，3 站的超标倍数分别为 0.25 倍、0.20 倍、0.15 倍；2017—2019 年吴忠教育园区 $O_3$ 浓度升高，而宁煤烯烃 $O_3$ 浓度"先降后升"。从近三年 $O_3$ 平均浓度来看，交通居民混合区贺兰山东路浓度（189.3 $\mu g/m^3$）最高，其次为对照点贺兰山马莲口（187.2 $\mu g/m^3$），吴忠教育园区（154.7 $\mu g/m^3$）和工业园区宁煤烯烃（163.1 $\mu g/m^3$）相对较低，风景旅游区沙湖（180.0 $\mu g/m^3$）居中。

2017—2019 年贺兰山东路 $NO$、$NO_2$、$NO_x$ 浓度逐年减少；对照点贺兰山马莲口 $NO$、$NO_2$、$NO_x$ 浓度逐年变化不大，相比其他站点浓度较低；沙湖旅游区 $NO$、$NO_2$、$NO_x$ 浓度有所增加，但变化幅度不大；教育园区 $NO$、$NO_2$、$NO_x$ 浓度逐年"先降后升"，相比其他站点虽然 $O_3$ 平均浓度最低，但 $NO$ 浓度较高，可能与局地气象因素影响及近年来周边机动车保有量的增加有关，较高的 $NO$ 浓度滴定反应了 $O_3$；宁煤烯烃 $NO_2$、$NO_x$ 浓度逐年"先降后升"，$NO$ 浓度逐年变化不大。

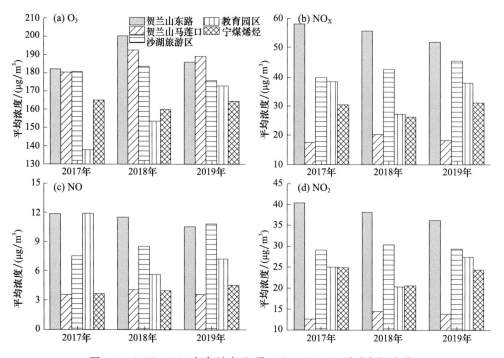

图 3.4　2017—2019 年各站点 $O_3$ 及 $NO_x$、$NO$、$NO_2$ 浓度年际变化

图 3.5 为选取的 5 站点 2017—2019 年平均 $O_3$ 浓度第 90 百分位月际变化图，除沙湖旅游区平均 $O_3$ 浓度最高值出现在 7 月，其他 4 站均出现在 6 月，其中贺兰山东路值最大为 215.4 $\mu g/m^3$，教育园区值最小为 160.9 $\mu g/m^3$，由于 6、7 月温度高，太阳辐射强，有利于 $O_3$ 生成，因此 $O_3$ 浓度最高；除沙湖旅游区平均 $O_3$ 浓度最低值出现在

12 月外,其他 4 站均出现在 1 月。

贺兰山东路平均 O₃浓度 4—8 月超标,贺兰山马莲口、沙湖旅游区 5—8 月超标,宁煤烯烃 6、7 月超标,教育园区 6 月超标;2017—2019 年 O₃-8h 平均浓度≥160 μg/m³在贺兰山东路出现 137 d,贺兰山马莲口出现 139 d,沙湖旅游区出现 110 d,教育园区出现 48 d,宁煤烯烃出现 47 d。

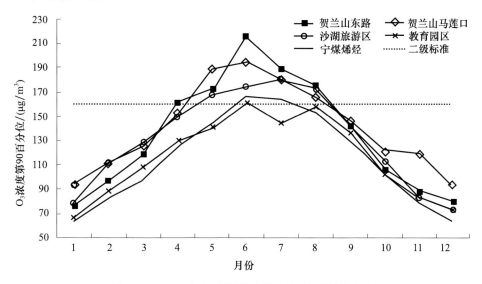

图 3.5　2017—2019 年平均各站点 O₃浓度月际变化

图 3.6 为选取 5 站点 O₃及 NOₓ、NO、NO₂的日变化图,O₃的日变化均呈单峰型分布,白天的浓度明显高于夜间,12:00—19:00 的浓度基本高于 80 μg/m³,贺兰山东路、沙湖旅游区、宁煤烯烃于 16:00 达到峰值,分别为 112.8 μg/m³、114.1 μg/m³、99.0 μg/m³,贺兰山马莲口、教育园区于 17:00 达到峰值,分别为 114.9 μg/m³、100.1 μg/m³,此后逐渐减少,从夜间 22:00 至次日上午 09:00 一直维持在较低的水平,最低值出现在 08:00 前后。

对照点贺兰山马莲口 NOₓ、NO、NO₂的日变化表现出单峰结构,10:00—12:00 浓度较高,与其他站点相比浓度偏低,主要原因是贺兰山马莲口属于无人区,受机动车的影响较小。其他 4 站均表现出双峰结构,基本上在 08:00—10:00、21:00—01:00 浓度较高,由于 NOₓ主要来自机动车的尾气排放,所以在上下班高峰期的值较高;夜间大气扩散能力较差,所以 NOₓ的浓度较白天高。

### 3.1.5　不同功能区 O₃浓度超标情况

由表 3.2 知,2017—2019 年银川都市圈 O₃浓度平均时均值中,贺兰山马莲口最高为 93.3 μg/m³,其他站点位于 59.7～72.6 μg/m³之间。O₃浓度最高时均值中贺兰山东路最大达 872 μg/m³,高达国家二级标准的 4.4 倍,其次为上海东路(860 μg/m³)。

O₃ 浓度累计超标时数贺兰山东路最多为 278 h,超标率达 1.1%,其次为学院路(254 h),超标率为 1.0%,超标率最低为宁东地区(0.1%);整体来看,O₃ 浓度累计超标时数银川最多,其次为石嘴山,最少为宁东。O₃ 超标平均浓度最大为吴忠教育园区,达 370.2 μg/m³,其次为吴忠新区二泵站(368.9 μg/m³)和吴忠高级中学(332.7 μg/m³),其他站点介于 234.3~280.5 μg/m³ 之间。总体来看,宁东虽然属于能源化工基地,但 O₃ 浓度并不是很高;而贺兰山东路属于交通居民混合区,O₃ 浓度最高时均值和超标率较大,吴忠 O₃ 超标平均浓度较高。

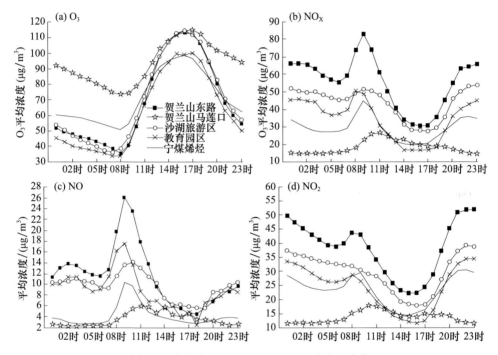

图 3.6　各站点 O₃ 及 NOₓ、NO、NO₂ 浓度日变化

**表 3.2　2017—2019 年银川都市圈 O₃ 浓度超标特征**

| 站点 | 平均时均值 /(μg/m³) | 最高时均值 /(μg/m³) | 有效样本数 /个 | 超标时数 /h | 超标率 /% | 超标平均浓度 /(μg/m³) |
|---|---|---|---|---|---|---|
| 水乡路 | 65.6 | 785 | 26061 | 168 | 0.6 | 242.4 |
| 上海东路 | 61.8 | 860 | 26150 | 162 | 0.6 | 241.4 |
| 文昌北街 | 64.5 | 522 | 26162 | 168 | 0.6 | 234.3 |
| 贺兰山东路 | 68.7 | 872 | 26058 | 278 | 1.1 | 247.2 |
| 贺兰山马莲口 | 93.3 | 855 | 26125 | 151 | 0.6 | 245.7 |
| 学院路 | 67.6 | 660 | 26042 | 254 | 1.0 | 235.9 |
| 沙湖旅游区 | 69.6 | 555 | 25557 | 119 | 0.5 | 242.1 |

续表

| 站点 | 平均时均值 /(μg/m³) | 最高时均值 /(μg/m³) | 有效样本数 /个 | 超标时数 /h | 超标率 /% | 超标平均浓度 /(μg/m³) |
|---|---|---|---|---|---|---|
| 大武口黄河东街 | 71.6 | 688 | 25840 | 96 | 0.4 | 259.7 |
| 惠农南大街 | 72.6 | 751 | 25846 | 137 | 0.5 | 255.8 |
| 红果子镇惠新街 | 67.6 | 762 | 24540 | 97 | 0.4 | 280.5 |
| 吴忠新区二泵站 | 64.5 | 765 | 25570 | 68 | 0.3 | 368.9 |
| 吴忠高级中学 | 62.5 | 757 | 26187 | 81 | 0.3 | 332.7 |
| 吴忠教育园区 | 62.0 | 790 | 26127 | 70 | 0.3 | 370.2 |
| 宝塔石化 | 64.7 | 624 | 25504 | 30 | 0.1 | 270.8 |
| 宁煤烯烃 | 71.4 | 595 | 26243 | 33 | 0.1 | 258.3 |
| 临河工业园 | 59.7 | 559 | 26008 | 38 | 0.1 | 249.6 |
| 鸭子荡水库 | 66.3 | 538 | 25709 | 37 | 0.1 | 240.6 |

图 3.7 为 2017—2019 年各站点 $O_3$ 浓度超标年际变化,贺兰山东路、贺兰山马莲口和沙湖旅游区 2018 年 $O_3$ 浓度超标小时数多于 2017 年和 2019 年,教育园区 2019 年超标小时数最多,宁煤烯烃 2017 年和 2019 年相当;贺兰山东路 $O_3$ 浓度超标小时数明显多于其他 4 站,尤其 2017 年和 2018 年 $O_3$ 浓度超标小时数>100 h,可能与贺兰山东路车流量较大有关;臭氧超标率与超标小时数情况基本相同,也是贺兰山东路超标情况最为突出,其他 3 站比对照点贺兰山马莲口偏低。

贺兰山东路、教育园区和宁煤烯烃 2019 年 $O_3$ 超标浓度均高于 2017 年和 2018 年,2019 年比 2017 年分别增加了 13.3%、38.6%、27.1%,贺兰山马莲口和沙湖旅游区 2018 年超标浓度较高;整体来看,2019 年贺兰山东路、教育园区和宁煤烯烃 $O_3$ 超标浓度比对照点贺兰山马莲口偏高,尤其教育园区 $O_3$ 超标浓度增幅较大,须引起足够重视。

总体来看,各站点 2018 年 $O_3$ 浓度超标小时数和超标率偏大,其中贺兰山东路超标情况最为突出;2019 年 $O_3$ 超标浓度偏高,尤其教育园区增幅较大。

图 3.8 为 2017—2019 年各站点 $O_3$ 浓度超标累计小时数月际变化,除教育园区呈双峰结构外,其他 4 站均呈单峰结构,贺兰山东路和贺兰山马莲口峰值出现在 6 月,沙湖旅游区出现在 7 月,宁煤烯烃出现在 8 月,教育园区峰值出现在 6 月和 8 月;$O_3$ 浓度超标主要集中在 5—8 月,其中贺兰山东路这 4 个月臭氧超标小时数占全年的 89.9%,贺兰山马莲口为 86.1%,沙湖旅游区为 87.4%,教育园区为 61.4%,宁煤烯烃为 72.7%;银川都市圈臭氧超标情况多发生在夏季,冬季臭氧超标情况较少发生,主要是受冬季辐射弱、气温低等气象条件影响。

图 3.9 为 2017—2019 年各站点 $O_3$ 浓度超标日变化,$O_3$ 小时浓度超标主要集中在 14:00—19:00,其中贺兰山东路这个时间段臭氧超标小时数占全天的 84.8%,贺兰山马莲口为 84.6%,沙湖旅游区为 85.7%,教育园区为 77.6%,宁煤烯烃为

69.7％；贺兰山东路和宁煤烯烃 16:00 超标小时数最多，贺兰山马莲口和沙湖旅游区
18:00 最多，教育园区 15:00 最多；贺兰山东路超标小时数远多于其他站点，超标情
况出现频率高；宁煤烯烃超标的时间范围比较分散，12:00—20:00 超标小时数相差
不大，这可能与当地 $O_3$ 前体物局地排放及风有关，有待于进一步分析研究。

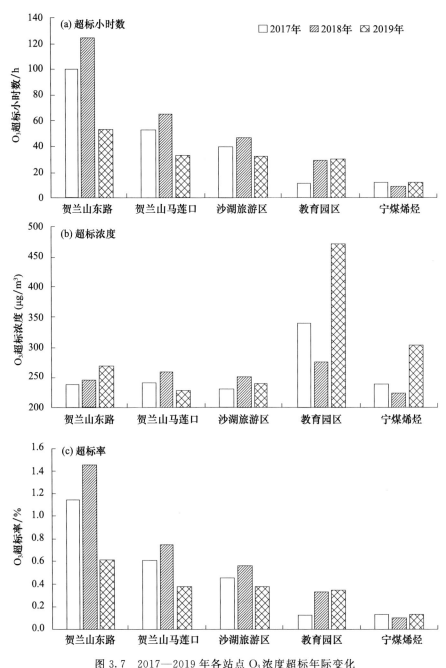

图 3.7　2017—2019 年各站点 $O_3$ 浓度超标年际变化

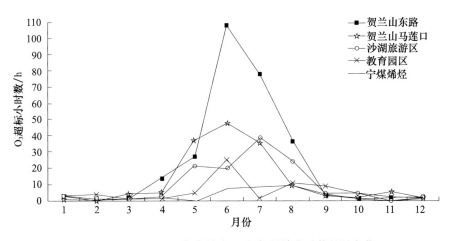

图 3.8　2017—2019 年各站点 O₃ 超标累计小时数月际变化

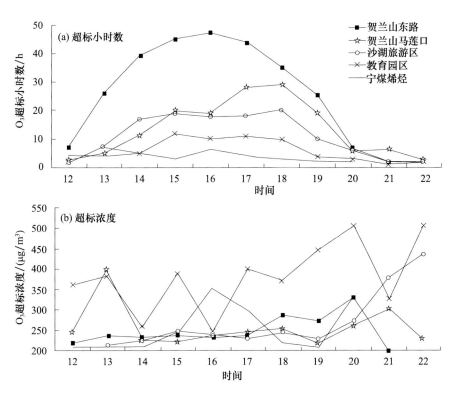

图 3.9　2017—2019 年各站点 O₃ 超标小时数及超标浓度日变化

各站点 O₃ 超标浓度日变化差异较大,波动性较强。O₃ 超标浓度比较明显的峰值主要出现在 15:00—16:00、19:00—20:00 及 21:00—22:00。与对照点贺兰山马莲口比较,教育园区 O₃ 超标浓度整体偏高,宁煤烯烃 16:00 前后超标浓度偏高,须重点关注。

### 3.1.6　$O_x$ 及 $NO_2/NO$ 的变化特性

大气氧化剂 $O_x(NO_2+O_3)$ 可作为评价大气氧化能力的指标,$NO_2/NO$ 的比值被当作研究光化学稳定态的基本参量,能反映光化学反应"效率"的高低和大气氧化能力的强弱。

图 3.10 为 $O_x$ 浓度随 $NO_x$ 浓度变化的散点图及线性拟合方程,线性方程的截距不受 $NO_x$ 浓度变化的影响,可看作区域污染 $O_3$ 的背景值;斜率部分代表了局地 $NO_x$ 污染的贡献大小,与 $NO_x$ 的光化学反应有关。由图可知,$O_x$ 浓度和 $NO_x$ 浓度呈负相关。从拟合方程可以看出,当 $NO_x$ 浓度为 0 时,$O_x$ 浓度银川为 124.5 $\mu g/m^3$,石嘴山为 136.1 $\mu g/m^3$,吴忠为 95.8 $\mu g/m^3$,为线性方程的截距,是区域污染 $O_3$ 的背景值;线性方程的斜率部分(银川为 $-0.4974$,石嘴山为 $-0.8819$,吴忠为 $-0.2495$)代表

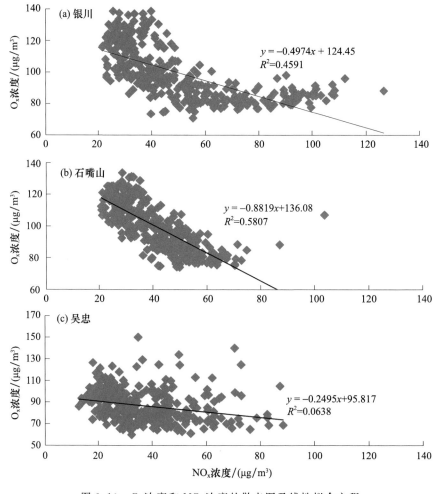

图 3.10　$O_x$ 浓度和 $NO_x$ 浓度的散点图及线性拟合方程

了局地 $NO_x$污染的贡献大小。对比三市的拟合方程可看出,影响更大,且局地污染物 $NO_x$对 $O_x$的贡献也最大,更容易发生重污染过程。

图 3.11 为银川、石嘴山、吴忠三市 $O_x$浓度的日变化曲线,其特征基本一致,均呈单峰型分布,白天的浓度明显高于夜间,15:00—17:00 浓度最高,银川 17:00 达到峰值为 124.5 $\mu g/m^3$,石嘴山 15:00 达到峰值为 123.8 $\mu g/m^3$,吴忠 17:00 达到峰值为 106.5 $\mu g/m^3$,此后逐渐减少,最低值出现在 06:00 前后。吴忠 $O_x$浓度比银川和石嘴山的整体偏低。

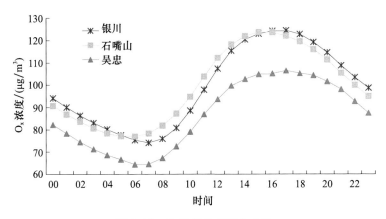

图 3.11　$O_x$浓度的日变化曲线

对 2015—2019 年 $O_x$与 $O_3$、$NO_2$浓度的相关性进行统计分析,由表 3.3 可知,大气氧化剂 $O_x$在白天主要受 $O_3$的控制,相关系数大于 0.9,在夜间也是 $O_3$对 $O_x$的影响大于 $NO_2$对其的影响,但夜间 $O_3$浓度整体偏低,所以 $NO_2$对 $O_x$的影响也是很重要的。

表 3.3　2015—2019 年 $O_x$与 $O_3$、$NO_2$浓度的相关系数

| 时间 | 区域 | $O_3$ | $NO_2$ |
|---|---|---|---|
| 白天 | 银川 | 0.92 | −0.27 |
| | 石嘴山 | 0.92 | −0.24 |
| | 吴忠 | 0.94 | 0.05 |
| 夜间 | 银川 | 0.70 | 0.17 |
| | 石嘴山 | 0.83 | −0.03 |
| | 吴忠 | 0.89 | 0.26 |

图 3.12 为 $O_3$浓度随 $NO_2/NO$ 比值变化的散点图及拟合方程,由图可得,当 $NO_2/NO$ 比值很低时,$O_3$浓度随 $NO_2/NO$ 比值的增加而迅速升高,说明 $O_3$在低浓度时,光化学反应中生成 $O_3$的速率大于消耗 $O_3$的速率;当 $O_3$浓度达到一定值(银川 100 $\mu g/m^3$左右、石嘴山 80 $\mu g/m^3$左右、吴忠 60 $\mu g/m^3$左右)时,$NO_2/NO$ 比值的增加对 $O_3$浓度的影响就很小,体现了光化学稳态的特征。

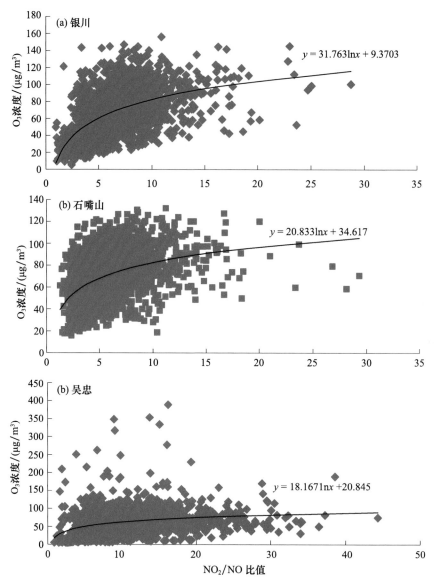

图 3.12　$O_3$ 浓度和 $NO_2/NO$ 比值的散点图及拟合方程

## 3.2　臭氧生成敏感性分析

　　宁东基地采样点为宁夏回族自治区环境空气质量区控监测站点之一,代表典型工业区的 VOCs 浓度水平。上海东路采样点位于上海东路北侧海宝公园内,与上海东路直线距离 70 余米,车流量大,为交通污染源点,该点为宁夏回族自治区环境空气质量国控监测站点之一,该点代表银川城区大气 VOCs 浓度水平。

研究表明,银川市臭氧浓度峰值一般出现在 6—7 月,于 2019 年 6 月 12—17 日采集非甲烷烃样品。非甲烷烃的采样参考美国环保署(EPA)推荐的 TO-15 方法,使用美国 Entech 原厂 solinite 涂覆内壁惰性化苏玛罐采集全空气样品,采集样品前将采样罐用 Entech3100(Entech Instrument Inc. USA)清罐仪清洗后抽至真空,真空度低于 50 mtor;采样时间为 24 h,使用限流方法,每天 08:00 至次日 08:00 为一次 24 h 采样,采样后 1 个月内完成分析。挥发性有机物(VOCs)采样和分析覆盖烷烃、烯烃、芳香烃、卤代烃等 58 个非甲烷烃类物种。每批样品设置实验室空白和各采样点空白,保证实验结果可靠。

### 3.2.1　计算方法

(1)羟自由基损耗速率

利用羟自由基(OH)损耗速率($L_{OH}$)可衡量城市大气中 VOCs 的反应活性。对于单位浓度的 OH,VOCs 的损耗速率计算公式如下:

$$L_{OH,i} = K_{OH,i} \times [VOC]_i \qquad (3.1)$$

式中,$L_{OH,i}$ 为 $i$ 种 VOCs 的 OH 损耗速率,s$^{-1}$;$K_{OH,i}$ 为 $i$ 种 VOCs 和单位浓度 OH 的反应速率;$[VOC]_i$ 为 $i$ 种 VOCs 的环境浓度。计算时 $K_{OH,i}$ 选自 Atkinson 的相关研究(邵敏 等,1994)。

(2)臭氧生成潜势计算方法

利用 Carter 研究给出的最大增量反应活性(Max Incremental Reactivities,MIR)系数计算 O$_3$ 生成潜势(Ozone Formation Potential,OFP),MIR 量化 VOCs 的 O$_3$ 生成潜势,计算公式为:

$$OFP_i = MIR_i \times [VOC]_i \qquad (3.2)$$

式中,$OFP_i$ 表示某种 VOCs 生成 O$_3$ 的最大值;$MIR_i$ 是该种 VOCs 的最大增量反应活性系数,g/g;计算时 $MIR_i$ 取自 Carter 的研究结果,MIR 值参考相关文献(安俊琳 等,2013)。

(3)基于观测的 OBM 模型

应用基于观测的 OBM 模型研究 O$_3$ 生成过程的主控因子。OBM 模型采用 RACM 机理,研究使用的 RACM 机理版本包含 17 种无机气体前体物、4 种无机中间体、32 种挥发性有机物和 24 种有机中间体的共 237 个气态化学反应。RACM 将不同光化学活性的 VOCs 分类,简化了光化学过程的计算量。模拟过程中每 5 min 将前体物浓度的测量结果读入模式,保证模式中前体物浓度和大气实时浓度一致。

利用相对增量反应活性(Relative Incremental Reactivity,RIR)的计算方法来评估臭氧生成的敏感性。相对增量反应活性的计算原理是,将观测的前体物浓度输入模式,以 10% 的变量改变模式中前体物的浓度($\Delta S/S$),计算由此所造成的 O$_x$ 生成速率变化($\Delta P$)占原速率的比例($\Delta P/P$),二者比值为相对增量反应活性 RIR(式

(3.3)),其中 $O_x$ 生成速率 $P$ 的计算方法见式(3.4)、式(3.5)和式(3.6)。需要注意,利用 OBM 模式的敏感性分析改变的不是源强 $S(X)$,而是所限制的前体物浓度。

$$RIR(X) = \frac{\Delta P_{O_x}(X)/P_{O_x}(X)}{\Delta S(X)/S(X)} \tag{3.3}$$

$$P_{O_x} = F_{O_x} - D_{O_x} \tag{3.4}$$

$$F_{O_x} = K_1[H_{O_2} \times NO] + K_2\Phi[RO_2 \times NO] \tag{3.5}$$

$$D_{O_x} = K_3[H_2O] + K_4[O_3][OLE] + K_5[O_3][OH] + K_6[O_3][HO_2] + K_7[NO_2][OH] \tag{3.6}$$

### 3.2.2 宁东基地夏季 VOCs 体积分数水平及组成特征

2019 年 6 月和 8 月共监测出 58 种挥发性有机化合物,其中烷烃 29 种、烯/炔烃 13 种、芳香烃 16 种,全天总 VOCs 的体积分数平均为 90.13 ppb,烷烃、烯烃、炔烃、芳香烃的平均体积分数依次为 47.64 ppb、40.54 ppb、1.36 ppb 和 0.59 ppb,其中烷烃中体积分数最大的为异戊烷(10.07 ppb),其次是乙烷(9.72 ppb)、丙烷(9.47 ppb),烯烃组分中最大的为丙烯(30.87 ppb),芳香烃中最大的是甲苯(0.22 ppb)。

6 月和 8 月全天总 VOCs 体积分数接近平均水平,但各组分含量存在差异,烷烃为 47.23%(6 月)、57.66%(8 月),烯烃为 51.18%(6 月)、39.69%(8 月),炔烃为 0.99%(6 月)、1.94%(8 月),芳香烃为 0.60%(6 月)、0.71%(8 月),烷烃、炔烃以及芳香烃含量均为 6 月低于 8 月,而烯烃的含量却是 6 月高于 8 月(图 3.13)。

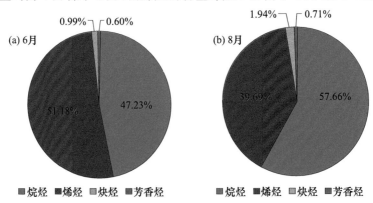

图 3.13　2019 年 6 月(a)和 8 月(b)观测期间 VOCs 体积分数百分比

VOCs 体积分数排名前 10 的有机物种类如图 3.14 所示,6 月体积分数前 10 的有机物种类含三种组分,即烷烃、烯烃和炔烃,所占比例分别为 47.55%、47.86%、4.59%,占总 VOCs 的 92.65%;8 月体积分数前 10 的有机物种类只有烷烃和烯烃两类,二者占比分别为 60.75%、39.25%,占总 VOCs 的 83.48%。虽然 6 月和 8 月 VOCs 排名前 10 的有机物种类有所不同,但主要贡献有机物种类基本一致。

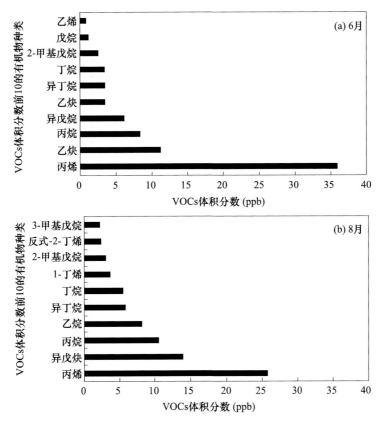

图 3.14　观测期间 VOCs 体积分数排名前 10 的有机物种类

　　6 月和 8 月白天（07:00—19:00）VOCs 各类组分体积分数时间序列如图 3.15 所示，由图可知，6 月和 8 月白天 VOCs 各组分平均体积分数存在明显差异，烷烃体积

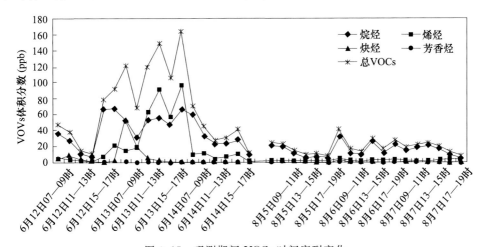

图 3.15　观测期间 VOCs 时间序列变化

分数分别为 38.44 ppb(6 月)、14.39 ppb(8 月),烯烃体积分数分别为 23.45 ppb(6 月)、2.13 ppb(8 月),炔烃体积分数分别为 5.85 ppb(6 月)、1.15 ppb(8 月),芳香烃体积分数分别为 0.80 ppb(6 月)、0.72 ppb(8 月)。

比较 VOCs 各组分体积分数在 6 月和 8 月白天的波动幅度,发现各组分的变化幅度均为 6 月大于 8 月,其中烯烃的变幅为各组分最大,为 30.01 ppb,其次是烷烃 21.40 ppb、炔烃 19.03 ppb,芳香烃最小,仅为 1.85 ppb。

### 3.2.3 宁东基地夏季臭氧与 VOCs 的关系

白天 VOCs 的总体积分数平均为 43.47 ppb,两次观测期间 VOCs 浓度差异较大,6 月 VOCs 平均体积分数为 68.53 ppb,而 8 月为 18.4 ppb,其中 6 月 13 日 VOCs 体积分数较大,傍晚前后超过 160 ppb(图 3.16)。在两次观测期间 $O_3$ 浓度整体较高,中午至傍晚 $O_3$ 浓度高于 100 $\mu g/m^3$,属于 $O_3$ 超标,其中,中午前后其浓度在 150 $\mu g/m^3$ 左右,污染较为严重。6 月 12—14 日,随着 $O_3$ 浓度增大,VOCs 含量快速下降,到了 8 月 5—7 日,$O_3$ 浓度依然维持在较高水平,而 VOCs 含量明显低于 6 月,由图 3.16 可知,出现这一现象的原因可能是由于 8 月气温明显高于 6 月,辐射强度大,期间无降水,低湿条件有利于 $O_3$ 光化学反应的加强,VOCs 消耗快,所以大气 VOCs 含量较低。

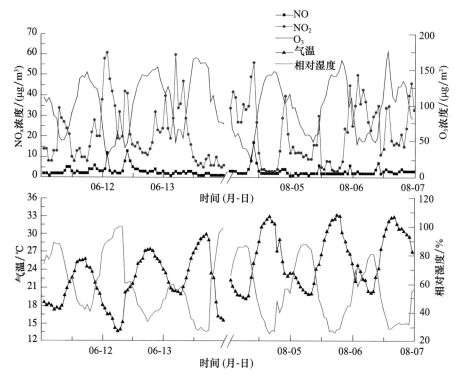

图 3.16 VOCs 观测期间观测点 NO、$NO_2$、$O_3$、气温、相对湿度的时间序列

　　臭氧是 NO$_x$和 VOCs 等前体物通过一系列光化学反应生成的产物,是一种二次污染物,其白天的光化学反应是全天 O$_3$变化的基础。两次 VOCs 观测期间 O$_3$、NO、NO$_2$浓度的变化趋势如图 3.16 所示,前体物 NO$_x$(NO$_2$、NO)浓度与 O$_3$浓度的变化呈现明显的反相关关系,同时有明显的日变化特征,日出后交通运输、工业排放的 VOCs、NO 量增加,随着气温和辐射的增强,光化学反应不断加强,O$_3$浓度逐渐升高,NO 又被 O$_3$等氧化为 NO$_2$,09:00 左右 NO$_2$浓度达到第一个高峰,傍晚随着太阳辐射的减弱,光化学反应逐渐减弱,NO$_2$消耗减少,NO$_2$开始积累,在半夜出现峰值,随着 NO、NO$_2$不断积累,O$_3$被消耗,日出前 O$_3$浓度达到一天的最低值。

### 3.2.4　宁东基地夏季臭氧生成潜势分析

　　6 月和 8 月大气 VOCs 臭氧生成潜势贡献排名前 10 的有机物种类如图 3.17 所

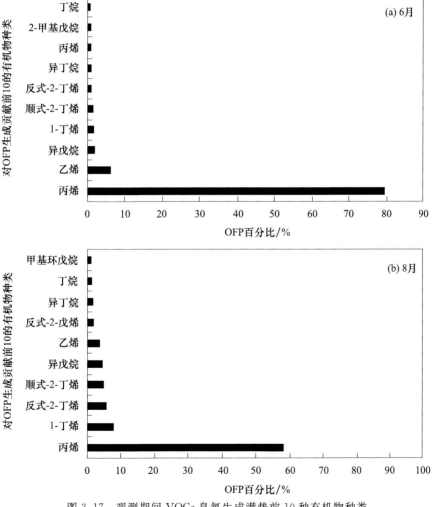

图 3.17　观测期间 VOCs 臭氧生成潜势前 10 种有机物种类

示,6月大气 VOCs 中对 OFP 贡献排名前 10 位的有机物种类依次为丙烯 (79.60%)、乙烯(6.15%)、戊烷(2.01%)、1-丁烯(1.65%)、顺式-2-丁烯(1.46%)、反式-2-丁烯(1.14%)、异丁烷(1.00%)、丙烷(0.95%)、2-甲基戊烷(0.89%)、丁烷(0.83%),累计贡献率为 95.69%,其中,烯烃的贡献率为 90.0%;8月大气 VOCs 中对 OFP 贡献排名前 10 位的有机物种类依次为丙烯(58.21%)、1-丁烯(7.87%)、反式-2-丁烯(5.82%)、顺式-2-丁烯(4.89%)、异戊烷(4.63%)、乙烯(3.79%)、反式-2-戊烯(1.96%)、异丁烷(1.7%)、丁烷(1.36%)、甲基环戊烷(1.29%),累计贡献率为 91.53%,其中,烯烃的贡献率为 82.55%。由此可见,各月体积分数排名前 10 的有机物种类(图 3.17)与臭氧生成潜势排名前 10 的有机物种类存在差异,同时,同一有机物在不同月份臭氧生成潜势贡献不同。虽然不同月份 VOCs 臭氧生成潜势排名前 10 的有机物种类有所差异,但主要贡献有机物基本一致,均为烯烃类物质,其中最主要的有机物为丙烯。乙烷、戊烷等烷烃主要来源为液化石油气的泄漏(邵敏 等,1994;李用宇 等,2013),烯烃对 OFP 的贡献最大,主要来源于溶剂的使用、工业排放及交通事故等(Batterman et al.,2002;Thornhill et al.,2010),因此,在 VOCs 污染和臭氧污染控制中要重点控制烯烃的源排放。

宁东基地 6月和8月全天 VOCs 的总 OFP 分别为 424.52 ppb、416.41 ppb,其中,6月烷烃、烯烃、炔烃、芳香烃的 OFP 依次为 32.36 ppb、390.27 ppb、0.78 ppb、1.12 ppb,8月的分别为 58.42 ppb、354.91 ppb、1.80 ppb、1.29 ppb。虽然体积分数百分比中烷烃与烯烃差异较小(图 3.18),但在臭氧生成中烯烃贡献却明显大于烷烃,6月和8月大气 VOCs 臭氧生成潜势贡献最大的组分均为烯烃,其次是烷烃。6月烷烃、烯烃、炔烃、芳香烃对 OFP 的贡献分别为 7.62%、91.93%、0.18%、0.26%,8月各组分对 OFP 的贡献分别为 14.03%、85.23%、0.43%、0.31%,表明不同月份烯烃对 OFP 的贡献均为最大,其次是烷烃,炔烃和芳香烃的贡献较小,均低于 0.5%。由此可见,各组分含量占比与其 OFP 百分比并不一致,说明 VOCs 各组分含量与其 OFP 贡献不成正比,此结论与南京夏季 VOCs 的分析结果一致(杨笑笑 等,2016)。总之,宁东基地大气中烯烃类 VOCs 对臭氧生成贡献最大,这对宁东基地采取大气污染防控措施具有针对性的指导意义。

### 3.2.5  不同功能区夏季 VOCs 体积分数水平及组成特征

2019 年 6月共监测 58 种挥发性有机化合物,其中烷烃 29 种、烯/炔烃 13 种、芳香烃 16 种。上海东路全天总 VOCs 体积分数为 36.32 ppb,低于南京(杨笑笑 等,2016)、重庆(刘芮伶 等,2017)、上海(黄烯茜 等,2020),略高于杭州(林旭 等,2020)、济南(高素莲 等,2020),说明银川城区 VOCs 污染程度相对不是太严重。宁东基地全天总 VOCs 的体积分数(82.93 ppb)约为上海东路的 2.3 倍,也明显高于杭州市工业区的 VOCs 浓度(34.19 ppb)(林旭 等,2020)水平,这表明宁东基地 VOCs 污染程度较为严重,同时也反映出工业生产活动对大气 VOCs 浓度有直接影响。

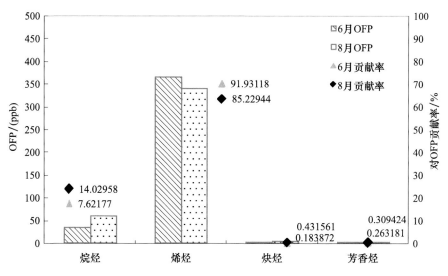

图 3.18　VOCs 各组分对 OFP 的贡献

　　从 VOCs 的不同组分来看,宁东基地烷烃、烯/炔烃、芳香烃的平均体积分数依次为 39.16 ppb、43.27 ppb、0.50 ppb;宁东基地的芳香烃体积分数低于上海东路,其余三种组分 VOCs 体积分数均高于上海东路,其中,烷烃体积分数略高于上海东路(30.44 ppb),烯/炔烃体积分数约为上海东路(4.34 ppb)的 10 倍。

　　两个功能区观测期间全天 VOCs 各组分占比如图 3.19 所示,上海东路大气VOCs 以烷烃为主,占总 VOCs 体积分数的 84%,其次是烯/炔烃 12%,芳香烃体积分数含量最低,仅占 4%。与上海东路相比,宁东基地烷烃含量较低,为 47%,烯/炔烃含量明显高于上海东路,占比高达 52%,芳香烃含量略低于上海东路,仅为 1%。由此可见,不同功能区大气 VOCs 各组分所占比例存在明显差异,上海东路以烷烃为主,烯烃、芳香烃以及炔烃所占比例较小,而宁东基地烷烃和烯烃含量较高,尤其是烯烃的含量明显高于上海东路,芳香烃含量最低,其次是炔烃。

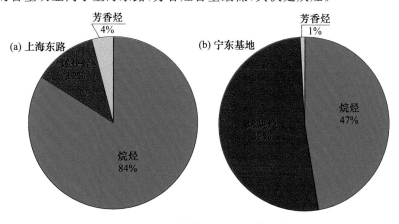

图 3.19　2019 年 6 月观测期间 VOCs 体积分数百分比

两个功能区观测期间 VOCs 体积分数排名前 10 的组分如表 3.4 所示，不同功能区的主要贡献组分存在差异。上海东路 VOCs 排名前 10 位组分占总 VOCs 的 76.0%，含 8 种烷烃、1 种烯/炔烃、1 种芳香烃，其中烷烃占 69.8%，体积分数排名前三位的是异戊烷、丁烷和异丁烷，相应体积分数占总 VOCs 的 42.1%。宁东基地 VOCs 体积分数排名前 10 位的组分占总 VOCs 的 92.6%，包括 7 种烷烃和 3 种烯/炔烃，体积分数较大的是丙烯、乙烷、丙烷、异戊烷等，其中丙烯体积分数明显高于其他组分，占总 VOCs 体积分数的 43.3%。这也表明排放源不同会引起大气中主要 VOCs 污染组分及同一组分体积分数的不同。

表 3.4 观测期间 VOCs 体积分数排名前 10 的有机物种类

| 上海东路 | | | 宁东基地 | | |
| --- | --- | --- | --- | --- | --- |
| 组分 | 体积分数/ppb | 百分比/% | 组分 | 体积分数/ppb | 百分比/% |
| 异戊烷 | 6.278 | 17.1 | 丙烯 | 35.949 | 43.3 |
| 丁烷 | 4.753 | 13.1 | 乙烷 | 11.294 | 13.6 |
| 异丁烷 | 4.389 | 12.0 | 丙烷 | 8.400 | 10.1 |
| 丙烷 | 3.456 | 9.4 | 异戊烷 | 6.181 | 7.5 |
| 乙烷 | 3.097 | 8.5 | 乙炔 | 3.526 | 4.3 |
| 戊烷 | 1.811 | 4.9 | 异丁烷 | 3.523 | 4.2 |
| 乙炔 | 1.612 | 4.4 | 丁烷 | 3.465 | 4.2 |
| 2,2,4-三甲基戊烷 | 0.943 | 2.6 | 2-甲基戊烷 | 2.513 | 3.0 |
| 2-甲基戊烷 | 0.836 | 2.3 | 戊烷 | 1.160 | 1.4 |
| 甲苯 | 0.640 | 1.7 | 乙烯 | 0.822 | 1.0 |
| 合计 | 27.815 | 76.0 | 合计 | 76.833 | 92.6 |

### 3.2.6 不同功能区夏季 VOCs 主要来源分析

大气中 VOCs 来源主要有工业生产、机动车排放、溶剂使用等，不同污染源排放的 VOCs 物种有交集部分，这也将增加大气 VOCs 来源解析的难度（安俊琳 等，2013）。研究表明，苯与甲苯的比值可以用来分析确定 VOCs 的主要来源，当苯与甲苯的比值（B/T）接近 0.5 时，表明该区域大气 VOCs 的主要污染源为机动车排放，当 B/T 比值远大于 0.5 时，大气中 VOCs 主要来源于石油化工和涂料的使用（Liu et al.，2008）。在观测实验中，不同功能区 B/T 比值差异较大，宁东基地 B/T 比值为 1.74，而上海东路的比值为 0.84，这说明宁东基地 VOCs 的主要来源是石油化工，而机动车排放则是上海东路 VOCs 的主要来源，此结果与两个监测点位置非常相关，宁东基地监测点位于石油化工区，上海东路监测点在城市主干道路旁。

### 3.2.7 VOCs 臭氧生成潜势和化学反应活性

VOCs 不同组分的化学反应活性存在差异，利用羟自由基（OH）损耗速率（$L_{OH}$）

和臭氧生成潜势(OFP)两种方法评估 VOCs 的化学反应活性。

不同功能区大气 VOCs 各组分体积分数及其对臭氧生成潜势(OFP)和化学反应活性($L_{OH}$)的贡献如图 3.20 所示。由于两个功能区 VOCs 各组分所占比例不同,其对 OFP 和 $L_{OH}$ 的贡献有明显差异。上海东路烷烃体积分数占比最高,其对 OFP 的贡献也最大,但对 $L_{OH}$ 的贡献却低于烯/炔烃;烯/炔烃的体积分数占比较小,仅为 11.94%,但其对化学反应活性的贡献较高,为 57.05%,而芳香烃体积分数占比以及对 OFP 和 $L_{OH}$ 的贡献均为最低。宁东基地烯/炔烃体积分数(52.17%)略高于烷烃(47.23%),但其对 OFP 和 $L_{OH}$ 的贡献明显高于烷烃,贡献率分别为 91.63%、92.86%。由此可知,上海东路 VOCs 对 OFP 贡献排名为烷烃>烯/炔烃>芳香烃,宁东基地为烯/炔烃>烷烃>芳香烃,上海东路和宁东基地 VOCs 对 $L_{OH}$ 的贡献排序均为烯/炔烃>烷烃>芳香烃。因此,烯/炔烃是银川市城区和化工基地 VOCs 的关键活性组分。

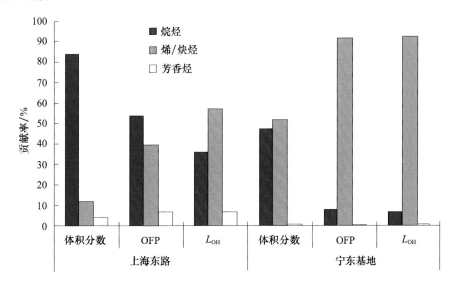

图 3.20　VOCs 中各组分体积分数及其对 $L_{OH}$ 和 OFP 的贡献

上海东路和宁东基地 VOCs 对 OFP 和 $L_{OH}$ 贡献排名前 10 位的有机物种类如图 3.21、图 3.22 所示。上海东路 VOCs 的 OFP 和 $L_{OH}$ 分别为 60.35 和 233.5,排名前 10 位的 VOCs 组分对二者的贡献占比分别为 64.58%、67.13%,相应体积分数占总体积分数的 53.14% 和 47.65%。宁东基地 VOCs 的 OFP 和 $L_{OH}$ 分别为 399.99 和 1193.1,排名前 10 位的 VOCs 物种对两者的贡献比均超过 90%,分别为 95.76%、94.90%,而相应体积分数仅占总体积分数的 75.07% 和 64.66%。这表明 VOCs 各组分含量与其对 OFP 和 $L_{OH}$ 的贡献并不成正比,此结论与南京(杨笑笑 等,2016)和重庆(刘芮伶 等,2017)大气 VOCs 的研究结果一致。因此,在对 VOCs 排放管控中只控制高体积分数的 VOCs 并不能有效减少 O$_3$ 生成。

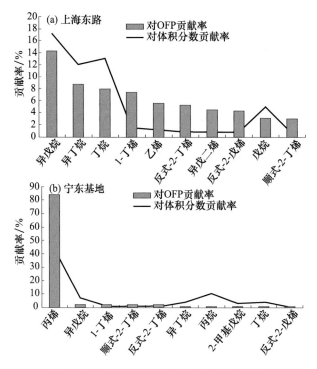

图 3.21　OFP 贡献率排名前 10 位的 VOCs

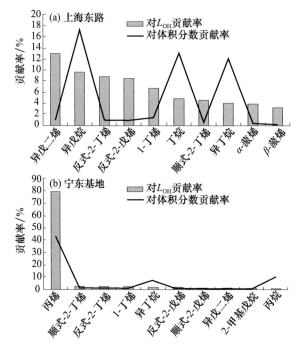

图 3.22　化学反应活性贡献率排名前 10 位的 VOCs

上海东路 VOCs 对 OFP 贡献排名前 10 的有机物种类中,有 4 种烷烃、6 种烯烃,对 OFP 的贡献分别为 34.31%、30.27%;对 OFP 贡献排名前 3 位的有机物种类与体积分数占比前 3 位的 VOCs 组分一致,为异戊烷、异丁烷、丁烷,它们的贡献率分别为 14.36%、8.80%、8.03%,其次是 1-丁烯、乙烯、反式-2-丁烯及异戊二烯,贡献率依次是 7.4%、5.59%、5.33%、4.53%。对 $L_{OH}$ 贡献前 10 位的有机物种类中,有 3 种烷烃和 7 种烯烃,对 $L_{OH}$ 贡献率分别为 18.47%、48.67%;排名前 3 位的有机物种类是异戊二烯、异戊烷、反式-2-丁烯,贡献率依次为 12.98%、9.68%、8.81%,排序 4~6 位的是反式-2-戊烯、1-丁烯、丁烷,相应贡献率依次是 8.51%、6.75%、4.8%。因此,对 OFP 贡献较大的 VOCs 组分是异戊烷、异丁烷、丁烷,对 $L_{OH}$ 贡献较大的 VOCs 组分是异戊二烯、异戊烷、反式-2-丁烯,因此,异戊烷不仅是上海东路 VOCs 的关键活性物质,也是体积分数含量最大的物质。宁东基地 VOCs 体积分数排名第一的有机物是丙烯,占总 VOCs 体积分数的 43.35%,明显高于其他组分,对 OFP 和 $L_{OH}$ 的贡献率最大的有机物也均为丙烯,分别是 84.48%、79.24%,这可能与宁东基地多石油化工产业,主要生成聚丙烯、聚乙烯等有关。由此可见,人为排放是 VOCs 的主要来源之一。因此,丙烯是宁东基地 VOCs 的关键活性物质,这一结论对宁东基地采取 VOCs 污染和臭氧污染防控措施具有针对性的指导意义。

### 3.2.8　臭氧对前体物的敏感性分析

宁东基地烯烃对当地臭氧生成的促进作用最强,RIR 值在早、晚时间普遍高于 0.5,在 6 月 13 日全天烯烃的增量均对当地臭氧的生成具有明显促进作用。对宁东基地臭氧生成起促进作用次强的 VOCs 类型是芳香烃类,但芳香烃的敏感性计算结果主要出现在 8 月 5 日和 8 月 7 日两日,其他观测日期的敏感性并不显著。宁东基地臭氧生成对烷烃和 CO 的浓度变化响应不显著,两类组分的 RIR 值均不高于 0.3,主要原因是这两类前体物的光化学活性较弱。宁东基地臭氧生成对于 NO 增量的响应在大部分时间为负响应,说明当地大部分时间 NO 的排放相对 VOCs 过量。但在 6 月 13 日等部分时段,由于测量到的大气中 NO 浓度较低,计算得到的 RIR 响应值为正值,说明在对应的少数时段中当地大气中 NO 的增量对于臭氧生成为正效应(图 3.23)。

上海东路臭氧生成对其敏感性最强的有机物种类为芳香烃类,其次是烯烃类。上海东路 VOCs 对臭氧生成的促进作用较宁东基地偏低,除 8 月 6 日芳香烃和烯烃的 RIR 值略高,在个别时段接近 1.0 外,上海东路各类 VOCs 的 RIR 值一般都在 0.5 以下。上海东路烷烃和 CO 的 RIR 值普遍低于 0.2,程度和宁东基地接近,两地的臭氧生成对烷烃和 CO 的变化响应均不显著。上海东路臭氧生成相对应 NO 的增量在 13:00—14:00 时段均为正响应,即在此时段增加 NO 排放将导致当地臭氧生成显著升高,说明在此时段可通过针对性地降低氮氧化物排放控制当地的臭氧污染。此外,由于 6 月 13 日大气 NO 浓度较低,当日 NO 的 RIR 响应值均为正值。总体来看,上海东路大气中 NO 的增量对于臭氧生成为正效应的情况较多,对 VOCs 或氮氧化物排放的控制均可降低当地臭氧污染(图 3.24)。

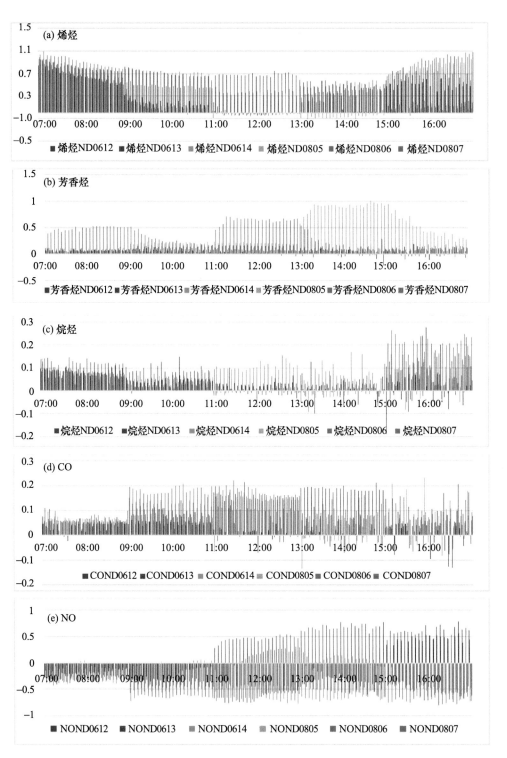

图 3.23　宁东基地 2019 年 6 月和 8 月几种臭氧前体物的敏感性分析

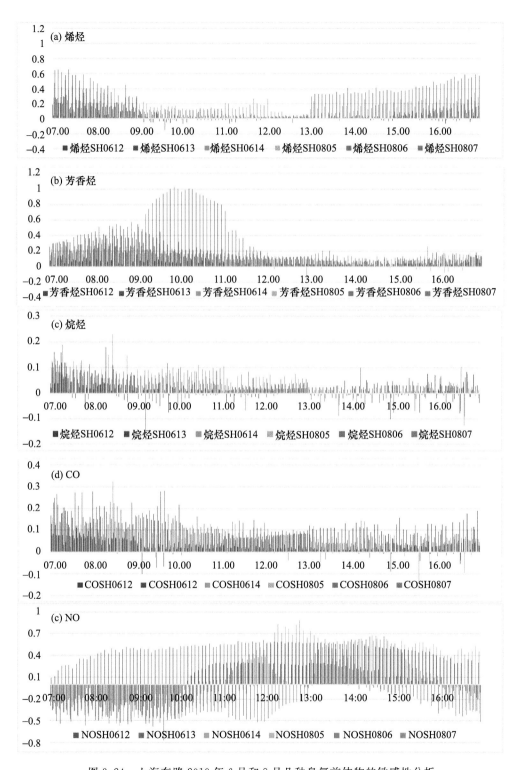

图 3.24 上海东路 2019 年 6 月和 8 月几种臭氧前体物的敏感性分析

图 3.25 为上海东路(SH)及宁东基地(ND)站点 6 个观测日臭氧前体物 RIR 日平均结果,日平均 RIR 计算方法为当日 07:00—17:00 的 5 min-RIR 结果取平均值。

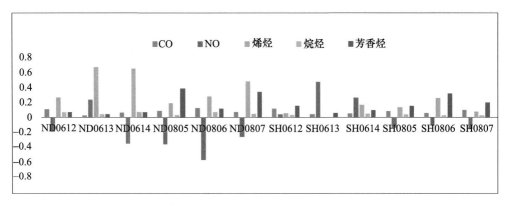

图 3.25　2019 年 6 月和 8 月 $O_3$ 生成敏感性分析
(图中 ND 指宁东基地站,SH 指上海东路站)

如图 3.25 所示,对于两站点的多数个例,$O_3$ 生成速率对 NO 变化的响应为负值,其中宁东基地较上海东路对 NO 增量的负响应更显著,说明宁东基地的 $NO_x$ 过量程度较高。在全部个例中,CO 和 VOCs 的增加均导致 $O_3$ 生成速率的增加。CO 和 VOCs 中的烷烃由于活性较低,其浓度的增加对 $O_3$ 生成速率的增加作用不显著。烯烃类和芳香烃类 VOCs 在 VOCs 总量中占比较小,但由于其光化学活性较强,因此计算出的光化学敏感性较 CO 和 VOCs 更强。其中烯烃的增量对宁东基地的 $O_3$ 生成影响最显著,而芳香烃的变化对上海东路的 $O_3$ 生成影响最显著。值得注意的是,在 6 月 13 日的两个站点和 6 月 12 日、14 日的上海东路站点,$O_3$ 生成对全部前体物的敏感性 RIR 响应值均为正值,说明这四个日期/个例的光化学属性为过渡区,增加 NO、CO 或增加 VOCs 均可促进 $O_3$ 生成(6 月 13 日计算出两点位 NO 的正响应可能和当时 NO 数据缺失较多有关,计算过程中将缺失的数据按照 0.4 ppbv 的检出限处理,可能引入结果的不确定性)。

从模拟结果总体来看,银川地区光化学属性为 VOCs 控制型,首要控制的 VOCs 类型在宁东基地为烯烃,在上海东路为芳香烃,在上海东路减排氮氧化物对部分日期的臭氧控制也会有显著效应。

# 第4章 银川都市圈臭氧来源解析

人类活动是臭氧污染的重要来源,交通工具废气排放首当其冲,汽车尾气中含有大量臭氧前体物,其次是石油冶炼、材料合成等石油化工行业,以及油气使用和加油站挥发泄露、油气燃料动力的火力发电等,再次是燃煤废气等。研究臭氧区域及行业来源对其污染治理十分重要。目前,三维大气数值模式是研究大气污染物传输、扩散、气相化学、液相化学、气溶胶生成老化、干湿沉降等过程的重要方法,可有效量化众多物理化学过程的综合作用,解析不同来源和过程的时空分布及其相对贡献。

## 4.1 模式系统建立

本章以大气数值模式为主要研究手段,对银川都市圈 $O_3$ 来源问题开展数值模拟进行源解析。使用的模式系统为 RAMS-CMAQ-ISAM 数值源解析系统。该系统以区域空气质量模式 RAMS-CMAQ 为基础。其中 RAMS 为 CMAQ 提供必要的气象场数据,包括风、温、压、湿以及边界层高度、混合层厚度、大气稳定度等边界层结果参数。CMAQ 为计算各污染物在大气中演化的主体部分,通过读入气象场、排放源等信息,最终可给出污染物质量浓度(包括气溶胶分模态数浓度)随时间变化的三维分布情况。CMAQ 代表了当前空气质量模式的发展趋势,不仅能在模拟过程中同时考虑中、小尺度气象过程对污染物的输送、扩散、迁移和转化的影响,而且还考虑了区域与城市尺度间污染物的相互影响及其在大气各种物理化学过程(如气相和液相化学过程、气溶胶过程、非均相过程和干湿沉降过程等)中对浓度分布的影响,从而实现对复杂空气污染问题的综合处理。在一个大气框架下,CMAQ 采用了一套各个模块相容的大气控制方程,充分考虑到模式的扩充性与使用界面的友善度,将各项化学物理机制等模块化,可根据需要选择不同的模块,从而实现对复杂空气污染问题（如对流层臭氧、酸沉降、气溶胶及大气能见度等）的综合处理。

ISAM(Integrated Source Apportionment Method)模块是在早期源追踪模块PSAT和TSSA基础上发展的最新一代污染物追踪数值模块，是一种基于"标记追踪法"的源解析方法。在线源追踪模拟技术的特点是采用正向模拟追踪污染物在大气中经历的物理化学演变过程，包括对流扩散过程、气相反应过程、液相反应过程、气溶胶微物理过程、干湿沉降过程等，从而在机理层面建立大气中污染物与排放源的确切对应关系，克服污染物来源地区难以识别和排放源共线性问题，实现对污染物的溯源解析。其原理是：ISAM可以标记特定地区的特定排放源（如A）排放出的多种污染物，这些污染物在进入化学传输模式后，会经历一系列的化学物理过程（包括传输、扩散、化学转化以及沉降等）。ISAM可以在这一过程中持续对标记进行更新，紧密跟踪各种污染物的去向，最终该地区排放源A排放的各种污染物及其反应生成物在模拟空间内的分布情况均可由ISAM追踪得到，再通过简单的计算就可以得到该地区排放源A产生的污染物对模拟空间内任何一个网格内污染物总量的贡献（绝对或相对）。利用该方法不仅可以对不同区域排放物进行跟踪，还可以对细颗粒物组分及其前体物来源进行跟踪，同时还可以分析长距离输送对当地污染物浓度的影响。

新一代ISAM模块优化了接口和多追踪进程平行计算的算法，在保证计算准确性的基础上使计算效率较上一代模块TSSA提高约15%。此外，二次污染物生成过程中主要的非线性效应来源于复杂的气相反应，ISAM优化了气相化学的追踪机制，以反应速率替代质量浓度作为权重，分配各追踪进程中的相关污染物。由于反应速率一般仅取决于相对固定的大气物理参数和反应物种，因此可在最大程度上降低化学反应过程中非线性效应带来的扰动，相比使用污染物质量浓度为权重可使解析误差明显降低。

## 4.2　模拟区域设置

本研究模拟区域设置为双重嵌套网格。其中外层网格（图4.1；D1）为覆盖中国地区的大范围模拟区域，用于对内层网格提供重要的侧边界条件输入。内层网格（图4.2；D2）以银川市为中心，覆盖灵武市、永宁县、贺兰县、兴庆区、金凤区、西夏区、平罗县、大武口区、惠农区、利通区、青铜峡市，以及周边地区。水平分辨率为4 km×4 km，网格点90×98。图中按照每个行政区将银川都市圈分为11个区域，用以下一步对$O_3$及其前体物的区域传输贡献特征开展来源解析模拟，实现对不同地区的识别以及排放污染物的传输追踪。

以上两个模拟区域在垂直方向上，RAMS和CMAQ的模式顶高度相同，约为

23 km。RAMS 将其分为 24 层,其网格距在近地层较小(第 1 整层的厚度为 50 m,有 10 层位于 2 km 以下,以解析大气边界层下层地表非均匀性强迫对局地环流和大气边界层垂直结构的影响),而后随高度增加而加大(最大值为 1500 m);CMAQ 分为 15 层,其中最下面的 6 层与 RAMS 的相同,以便详细描述大气近地层中污染物的输送扩散、化学转化与干湿沉降过程。

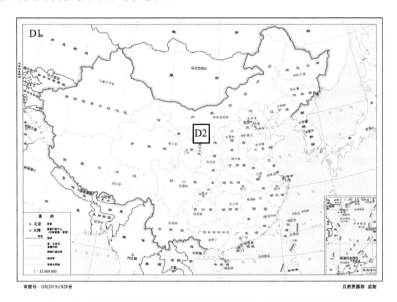

图 4.1　模式设置外层网格(D1)区域以及内层网格(D2)区域

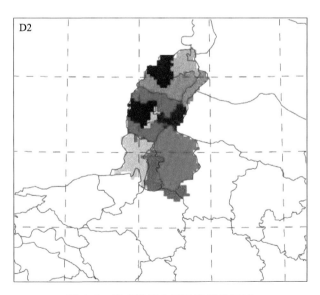

图 4.2　模式设置内层网格(D2)区域

## 4.3　排放源清单整合

为了开展初步的模拟测试,需要制作覆盖模拟区域的综合性排放源清单。为了力求模拟结果的准确性,本次排放源清单的建立融合了国内外多套人为活动和自然源排放的清单数据,并充分依据清单建立以及模拟经验进行了整合。具体信息如下:人为源排放主要以 MIXv1.1 为准,分辨率为 $0.25° \times 0.25°$ 的月均源排放清单。该排放源最初的版本为 TRACE-P(Transport and Chemical Evolution over the Pacific)和 ACE-Asia(Asian Pacific Regional Aerosol Characterization Experiment)综合观测项目中建立的覆盖亚洲地区的人为源排放清单,后经过 MICS-Asia(亚洲模式比较计划)多个阶段的工作发展,目前已逐步成为最为权威的覆盖中国地区的人为活动排放源数据集。同时辅以 $1 km \times 1 km$ 农业活动高分辨率排放源清单,在行业上实现以工业源、火电厂源、交通源、居民生活源、农业源和其他自然排放源共六大类源谱区分,涵盖目前普遍使用的五类人为源排放行业。排放源包含了所有主要的一次污染物:BC(黑碳)、OC(有机碳)、CO、$CO_2$、$SO_2$、$NO_x$、非甲烷 VOCs(NMVOCs)、$NH_3$、一次排放颗粒物。除此以外,融合了三套(均为最新版本)其他权威排放源清单的相关数据:REASv2.1 基于 2010 年的闪电、喷涂、土壤施肥等产生的 $NO_x$ 亚洲地区排放数据;MEGAN 排放源模式输出的自然源 VOCs 全球排放数据;GFEDv4.0 基于 2014 年的森林、草原野火燃烧、农业秸秆焚烧全球排放数据。

图 4.3 和图 4.4 均为综合性排放源清单中 $O_3$ 前体物 $NO_x$、VOCs 和 CO 的年均排放通量水平分布。其中,图 4.3 为 MIX 排放源,图 4.4 为依据环境统计数据制作的更为精细的排放源清单。从图中可以看出,银川都市圈范围内排放强度较高的地区集中在银川市金凤区、兴庆区、永宁县部分地区、灵武市西北部,石嘴山市大武口区排放通量也高于周边,吴忠市、青铜峡市、宁东基地 $NO_x$ 排放通量也相对较高。上述分布特征与银川都市圈内工业源、居民生活源等人为活动排放特征基本一致。但另一方面也可看出,由于 MIX 排放源数据来自多个大范围通用排放源清单,因此其分辨率较低,未能反映出一些细节排放特征。对比二者分布也比较接近,说明依据环境统计数据制作的排放源也基本合理。

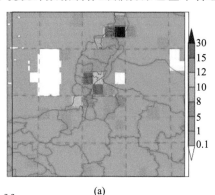
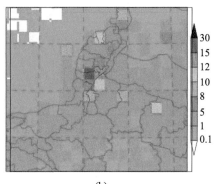

(a)　　　　　　　　　　　　　　　　　(b)

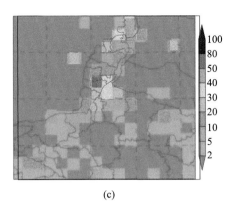

(c)

图 4.3　基于 MIX 排放源模拟 D2 区域内 NO$_x$(a)、VOCs(b)、CO(c)
年均排放通量水平分布(g/(grid・s))

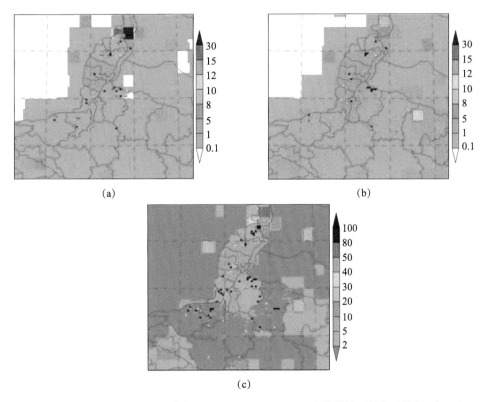

图 4.4　基于精细排放源模拟 D2 区域内 NO$_x$(a)、VOCs(b)、CO(c)年均排放通量水平分布(g/(grid・s))

## 4.4　模拟效果评估

图 4.5 为不同观测站点处 O$_3$ 模拟与观测小时值比较结果,以评估模拟结果的

合理性。观测站分别为兴庆、鸭子荡、永宁大道、青铜峡、大武口和平罗。从图中可以看出,在大部分时段内 $O_3$ 日变化无常,不同站点的 $O_3$ 浓度日变化特征也不尽相同。整体而言,兴庆和平罗站点处最大 $O_3$ 值超过 $180\ \mu g/m^3$ 的天数较多,而其余站点处 $O_3$ 日最大值也基本维持在高位。模拟结果对于 $O_3$ 的日变化趋势以及数值大小均有较好的一致性,尤其对于 $O_3$ 每日出现的高值有较好的再现。但对于 20—29 日青铜峡、平罗和大武口站,模式对于夜间 $O_3$ 低值存在一定高估,这应与排放源信息的准确性以及模式本身对于夜间 $O_3$ 生消机制模拟的欠缺有关。但总体而言,该模拟误差对于我们更为关注的每日最大 8 h 平均(MDA8)$O_3$ 浓度影响不大,因此,模拟结果可用于对银川都市圈 $O_3$ 问题的研究与分析。

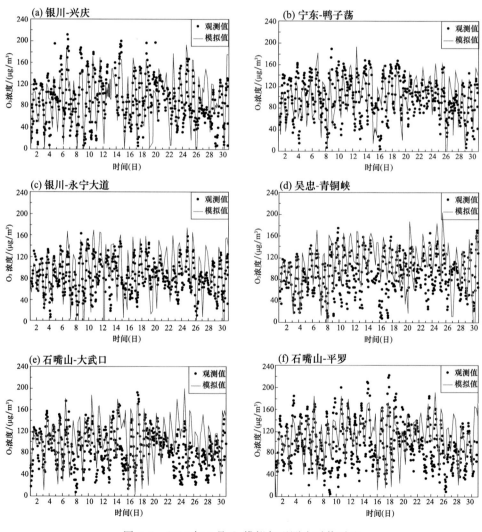

图 4.5  2019 年 6 月 $O_3$ 模拟与观测小时值对比
(a)兴庆;(b)鸭子荡;(c)永宁大道;(d)青铜峡;(e)大武口;(f)平罗

## 4.5　基准情景分析

图 4.6 为近地面温度、相对湿度和风场月平均水平分布特征。从图中可以看出，2019 年 6 月银川都市圈月均温度在 22～28 ℃，其中银川市、永宁县和青铜峡市的温度可达 25 ℃以上，但由于地处西北且海拔较高，因此整体月均温度没有超过 30 ℃。从相对湿度分布特征可以看出，银川都市圈月均相对湿度在 40%～50%，相比我国东部地区整体处于较低水平。此外，6 月近地面盛行风向为偏南风，且在银川都市圈内整体风速相对偏小，不利于污染物扩散。

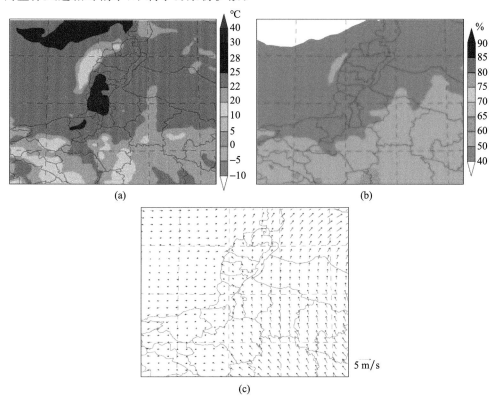

图 4.6　2019 年 6 月模拟温度(a)、相对湿度(b)和风场(c)月平均水平分布

图 4.7 为 $NO_x$、VOCs、MDA8-$O_3$ 月平均水平分布特征。从图中可以看出，$NO_x$ 和 VOCs 高值区基本集中在大武口区、平罗县、贺兰县、金凤区、兴庆区以及灵武市北部地区一线，月均 $NO_x$ 和 VOCs 分别达到 10 $\mu g/m^3$ 和 20 $\mu g/m^3$ 以上。其中在银川市和永宁县达到了浓度高值，分别为 20～30 $\mu g/m^3$ 和 30～40 $\mu g/m^3$。另一方面，银川都市圈 MDA8-$O_3$ 月平均值在 100～130 $\mu g/m^3$，维持在比较高的浓度水平。而其中的低值区出现在兴庆区和平罗县南部，与 $NO_x$ 的高值区重合度非常高，这说明

该低值区的产生与 $NO_x$ 滴定有一定关系。而 $O_3$ 的相对高值区则主要出现在贺兰县、平罗县北部和惠农区。该分布特征与前体物的分布特征并不一致,也说明了 $O_3$ 生成具有明显的非线性效应以及背景 $O_3$ 传输贡献同样具有较为明显的影响。

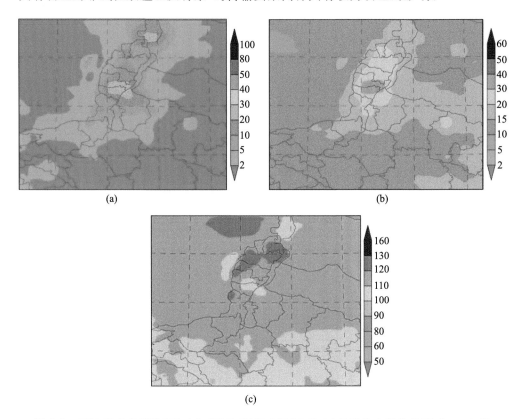

图 4.7　2019 年 6 月模拟 $NO_x$(a)、VOCs(b)和 MDA8-$O_3$(c)月平均水平分布(单位:$\mu g/m^3$)

## 4.6　区域传输贡献解析

图 4.8、图 4.9 分别给出了 2019 年 6 月银川都市圈 11 个区域本地排放源以及外界传输对模拟区域内 $O_3$ 质量浓度贡献的百分比,分为银川市 6 个县(市、区)、石嘴山市 3 个县(市、区)和吴忠市 2 个县(市、区)来展示。可以看出,银川都市圈 $O_3$ 传输贡献特点是:总体上来看,本地排放源对近地面 $O_3$ 的贡献较低,除灵武市(约达 43.8%)外,其他县(市、区)的本地贡献大都在 20%~30%;外界传输贡献相对较高,均在 32% 以上,其中利通最高超过 40%,但其本地贡献却低于 20%。银川市本地贡献基本较低,仅灵武本地贡献显著高于外界传输外,其余 5 个县(市、区)本地贡献比外界传输低 4%~11%;周边县(市、区)的本地贡献相对较高,除利通区、平罗县本地贡献显著低于外界传输外,其余 3 个县(市、区)本地贡献和外界传输基本相当。

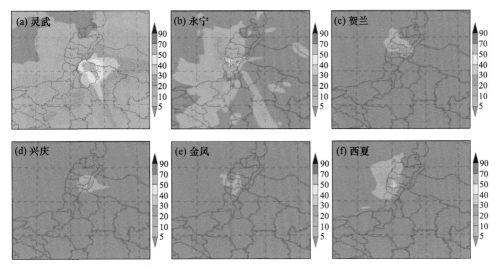

图 4.8　2019 年 6 月银川市 6 个县(市、区)排放源对近地面 $O_3$ 浓度贡献百分比(%)

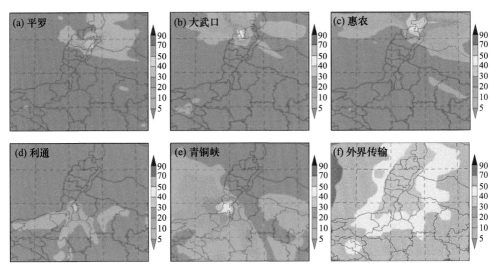

图 4.9　2019 年 6 月石嘴山市(3 个,a~c)、吴忠市(2 个,d,e)不同县(市、区)
以及外界传输(f)对近地面 $O_3$ 浓度贡献百分比(%)

　　结合 $O_3$ 及其前体物 $NO_x$、VOCs、CO 浓度分布可以看出,在 $O_3$ 及 $NO_x$、VOCs 等浓度均较高的银川市区、永宁县,其本地贡献反而较弱;而在 $NO_x$、CO 浓度相对较高、VOCs 浓度较低的大武口区、惠农区、灵武市、青铜峡市,其本地排放贡献有所增加,趋近甚至超过外界传输贡献。此外,传输贡献与风场有着密切联系。对比风场月平均水平分布特征可以看出,在偏南风的影响下,银川都市圈南部区域受到外界传输贡献的水平较高,其中利通区最高,灵武市、青铜峡市次之,基本可达 37% 及以上;其余区域外界传输贡献较为均匀。

除区域外跨界传输的影响因素外,如果某个区域排放源生成的 $O_3$ 浓度较高,必然会对其邻近区域的 $O_3$ 浓度产生一定影响,因此在银川都市圈中北部,多个区域生成的 $O_3$ 相互之间传输贡献较为明显,从而在一定程度上降低了本地排放源的贡献比例。

表 4.1 中分别列出了银川都市圈 11 个区域及外来传输贡献的区域平均值,并按其地理位置排列,区域划分及颜色标注见表格右上角灰色区域。可以看出,银川都市圈满足前述规律:(除灵武市外)本地贡献较小,外来输送贡献较大,相邻区域间存在输送影响,本地和区域外输送贡献基本在 20% 和 30% 以上,区域间贡献多在 15% 以下。受偏南风影响,整个南部区域对北部区域的传输作用较为明显,而中部和南部区域反过来受北部区域影响较小。

统计数据显示:石嘴山市 3 个县(市、区)受其他区域传输贡献较高,基本在 2%～10%,其中平罗—大武口、大武口—惠农、平罗—惠农、灵武—平罗、贺兰—平罗传输贡献达 5%～10%;银川市 6 个县(市、区)区域间传输贡献最为显著,相邻区域的贡献可达 5%～15%,其中灵武市影响最大最广,灵武—兴庆的传输贡献达 18.9%,灵武—利通、灵武—永宁次之,超过 10%,灵武—贺兰、灵武—平罗、灵武—青铜峡也超过了 8%,较远区域由于长距离输送影响稍弱;吴忠市 2 市(区)受到传输的贡献较弱,集中在相邻的永宁县、灵武市,除灵武市外仅青铜峡市对利通区的贡献较高,达 11.5%。以上分析进一步说明了银川都市圈不同区域传输贡献的差异,及其与 $O_3$ 和前体物浓度高低之间的联系。

**表 4.1　2019 年 6 月银川都市圈 11 个区域及外来传输贡献区域平均值(%)**

| 大武口 | | | 惠农 | | | 区域划分 | | |
|---|---|---|---|---|---|---|---|---|
| 32.36 | 3.53 | | 7.03 | 33.53 | | 大武口 | 惠农 | |
| | 5.84 | | | 7.26 | | | 平罗 | |
| | 3.62 | | | 2.28 | | | 贺兰 | |
| 4.71 | 2.40 | 2.17 | 1.68 | 1.47 | 2.30 | 西夏 | 金凤 | 兴庆 |
| | 4.82 | 4.23 | | 2.98 | 4.93 | | 永宁 | 灵武 |
| 2.12 | 0.84 | | 1.21 | 0.59 | | 青铜峡 | 利通 | |
| | 33.36 | | | 34.74 | | | 外来传输 | |

| 平罗 | | | | | |
|---|---|---|---|---|---|
| 4.99 | 4.86 | | | 0～1 | |
| | 25.38 | | | 1～2 | |
| | 5.08 | | | 2～5 | |
| 3.02 | 1.69 | 3.86 | | 5～10 | |
| | 3.64 | 9.19 | | 10～15 | |
| | | | | 15～19 | |
| 1.78 | 0.87 | | | 19 以上 | |
| | 35.65 | | | | |

续表

**贺兰**

| | | |
|---|---|---|
| 2.84 | 1.28 | |
| | 4.73 | |
| | 21.77 | |
| 7.43 | 3.51 | 5.87 |
| | 6.17 | 9.45 |
| 2.61 | 1.19 | |
| | 33.16 | |

**西夏**

| | | |
|---|---|---|
| 2.08 | 0.66 | |
| | 1.67 | |
| | 4.19 | |
| 28.85 | 6.23 | 1.86 |
| | 9.83 | 6.18 |
| 1.78 | 0.87 | |
| | 35.65 | |

**金凤**

| | | |
|---|---|---|
| 0.92 | 0.71 | |
| | 1.11 | |
| | 2.82 | |
| 8.33 | 24.81 | 4.54 |
| | 12.39 | 7.71 |
| 2.76 | 1.45 | |
| | 32.47 | |

**兴庆**

| | | |
|---|---|---|
| 0.91 | 1.33 | |
| | 3.29 | |
| | 4.79 | |
| 1.97 | 2.28 | 25.15 |
| | 5.07 | 18.87 |
| 1.28 | 1.01 | |
| | 34.05 | |

**永宁**

| | | |
|---|---|---|
| 1.08 | 0.67 | |
| | 1.11 | |
| | 1.62 | |
| 8.19 | 4.22 | 2.32 |
| | 28.35 | 10.50 |
| 6.04 | 1.96 | |
| | 33.95 | |

**灵武**

| | | |
|---|---|---|
| 0.73 | 0.78 | |
| | 1.13 | |
| | 0.93 | |
| 1.26 | 1.02 | 2.31 |
| | 3.25 | 43.80 |
| 3.61 | 3.58 | |
| | 37.60 | |

**青铜峡**

| | | |
|---|---|---|
| 0.82 | 0.74 | |
| | 0.76 | |
| | 1.06 | |
| 3.07 | 1.74 | 1.30 |
| | 6.36 | 8.61 |
| 33.26 | 5.37 | |
| | 36.92 | |

**利通**

| | | |
|---|---|---|
| 0.66 | 0.73 | |
| | 0.92 | |
| | 0.82 | |
| 1.68 | 1.23 | 1.65 |
| | 3.95 | 15.99 |
| 11.47 | 19.46 | |
| | 41.45 | |

## 4.7　行业贡献解析

主要行业排放源对银川都市圈以及各区域 $O_3$（图 4.10、图 4.11）、$NO_x$（图 4.12、图 4.13）、VOCs（图 4.14、图 4.15）质量浓度的贡献百分比如图 4.10～图 4.15 所示。这些行业信息依托于排放源信息，但不同于传统的 6 类排放源，此行业排放源细化成 11 类，依次区分为冶金-石化-化纤-医药、电力供热、工业＋民用锅炉、建材等其他工业、民用燃烧、道路及非道路移动源、餐饮、生物质开放燃烧、溶液溶剂排放、农业 $NH_3$ 排放以及其他（自然＋背景）排放源。上述行业基本涵盖了目前主要的人为排放源。

银川都市圈人为活动排放源产生的 $O_3$ 浓度百分比高达 93％～96％，其他排放源的贡献较低。石嘴山市 3 区县人为排放贡献达 94％左右，其他贡献较低，仅占 6％，且分布较为均匀；银川市 6 区县，除灵武市人为排放高达 94.9％外，其他区域人为贡献均低于 94％，其他贡献 6％以上；利通区和青铜峡市人为源贡献较高，利通区最高，达 95.2％，青铜峡稍低，为 94.4％（图 4.10）。

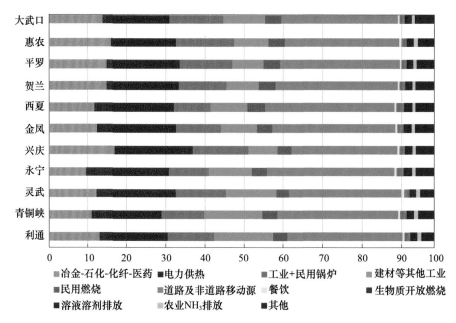

图 4.10　2019 年 6 月各区域主要行业排放源对 $O_3$ 质量浓度的贡献百分比（％）

道路及非道路移动源对银川都市圈 $O_3$ 的贡献最高，大幅超过 30％，兴庆区相对最低为 26.9％，灵武市次低为 28.7％；其次是电力供热源，全区贡献率多介于 10％～20％，但对银川市（除贺兰县和兴庆区外）贡献超过 20％，永宁县最高达 21.1％；冶金等、工业＋民用锅炉、建材等其他工业源的贡献稍低，在 5％～20％，三类排放源分别对永宁县、西夏区、永宁县以北（除大武口区）贡献低于 10％；其他排放源的贡献较低,贡献在 5%～10%,其中利通区最低为 4.8%;民用燃烧、餐饮、生物质开放燃烧、溶液溶剂排放以及农业 $NH_3$ 排放的贡献相对微弱,仅民用燃烧贡献稍大,达 3%～5%,其余排放源贡献均低于 2%,其中餐饮贡献最低,多低于 0.5%(图 4.11)。

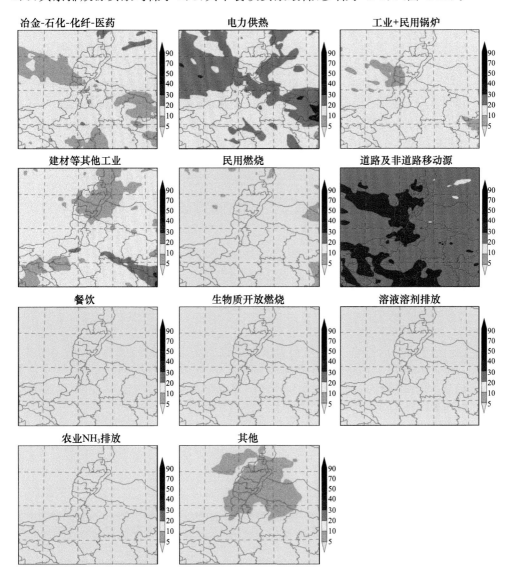

图 4.11　2019 年 6 月银川都市圈主要行业排放源对 $O_3$ 质量浓度的贡献百分比(%)空间分布

　　银川都市圈人为活动产生的 $NO_x$ 浓度百分比在 69%～91%,其他排放源的贡献则在 9%～31%。石嘴山市 3 区县人为排放贡献最低,均在 80% 以下,惠农区低于 70%;银川市 6 区县人为贡献相对最高,在 83%～91%,对金凤区贡献最高、贺兰县最低;青铜峡市和利通区人为源贡献次高,分别达 82.9%、81.0%(图 4.12)。

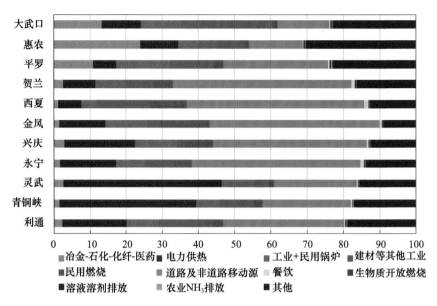

图 4.12　2019 年 6 月各区域主要行业排放源对 NO$_x$ 质量浓度的贡献百分比(%)

道路及非道路移动源对银川都市圈 NO$_x$ 的贡献最高,大幅超过 20%,贡献率达 40% 以上集中在银川市(除灵武市)5 区县;其次是其他源和电力供热源,基本位于 20% 以下,前者对石嘴山市 3 区县贡献高于 20%,且在银川都市圈之外的大范围地区均为 40% 以上的高值区,后者对灵武市和青铜峡市贡献高达 44.0% 和 38.0%;冶金等、工业+民用锅炉、建材等其他工业源的贡献较低,大都低于 10%,冶金等排放源对惠农区和大武口区、工业+民用锅炉排放源对石嘴山市和银川市东部、建材等其他工业源对西夏区以及大武口区的部分区域贡献较高;民用燃烧、餐饮、生物质开放燃烧、溶液溶剂排放以及农业 NH$_3$ 排放源的贡献基本低于 5%,其中民用燃烧对银川市兴庆区、金凤区、西夏区贡献较大,在 5%~20%(图 4.13)。

银川都市圈人为活动产生的 VOCs 浓度百分比在 76%~87%,其他排放源的贡献则在 13%~24%。除金凤区、兴庆区人为源贡献可达 80% 以上外,其余区域贡献较为均匀,均在 76%~80%(图 4.14)。

冶金等排放源对银川都市圈 VOCs 贡献最高,大幅超过 20%,其中对惠农区、金凤区、兴庆区和灵武市的贡献超过 30%,对大武口区和青铜峡市的贡献低于 20%;其次是其他排放源,略高于 20%,对金凤区和兴庆区低于 20%;工业+民用锅炉、道路及非道路移动源、建材等其他工业源、溶液溶剂排放的贡献较低,部分区域高于 10%;生物质开放燃烧、电力供热、民用燃烧、农业 NH$_3$ 排放以及餐饮排放源贡献大范围低于 5%,且依次降低,生物质开放燃烧对利通区和青铜峡市贡献较高,超过 5%,西夏区最高超过 10%,电力供热对灵武市和青铜峡市贡献超过 5%,其余排放源贡献微弱,几乎可略,餐饮贡献最低,不到 0.5%(图 4.15)。

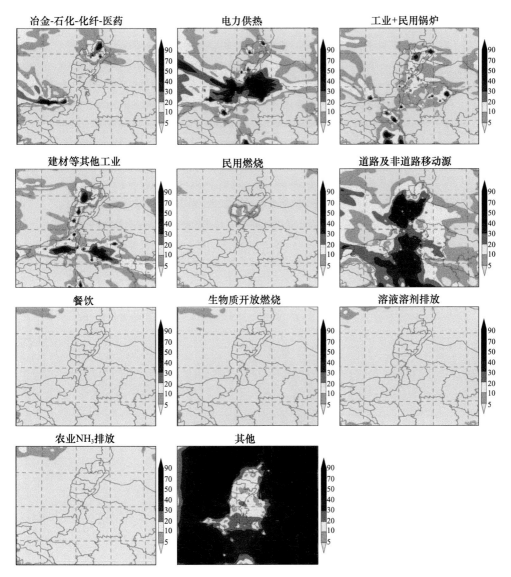

图 4.13　2019 年 6 月银川都市圈主要行业排放源
对 $NO_x$ 质量浓度的贡献百分比（％）空间分布

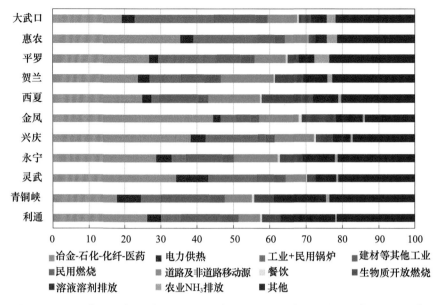

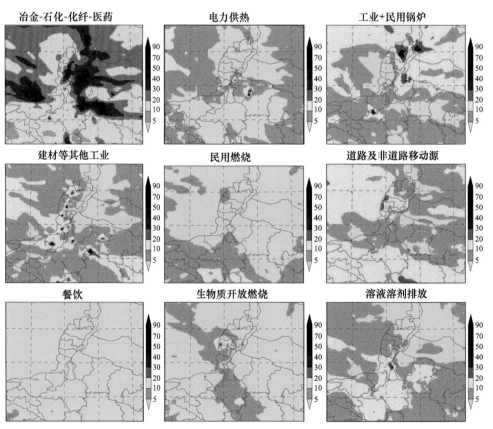

图 4.14　2019 年 6 月各区域主要行业排放源对 VOCs 质量浓度的贡献百分比(%)

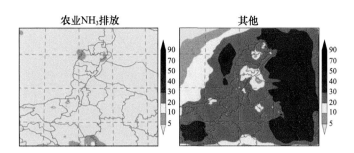

图 4.15　2019 年 6 月银川都市圈主要行业排放源对 VOCs 质量浓度的贡献百分比(％)空间分布

　　总体而言,银川都市圈人为活动对 $O_3$ 的贡献较高,对 $NO_x$ 和 VOCs 的贡献稍低,但均超过自然源的贡献。$O_3$ 和 $NO_x$ 的主要行业贡献基本一致,均来自道路及非道路移动源和电力供热源,稍有不同的是其他源对 $NO_x$ 的贡献也较大;VOCs 则主要来自冶金-石化-化纤-医药排放源和其他源,道路及非道路移动源贡献排第四。在工业和居民等活动密集的地区,相应地排放更多的 $NO_x$,而银川都市圈海拔较高、光辐射强、植被较为丰富,从而人为活动排放的大量 $NO_x$ 与自然植被释放的 VOCs 发生光化学反应生成更多的 $O_3$,故人为贡献占比大于自然贡献。

# 第5章 | 银川都市圈臭氧前体物减排方案评估及控制对策

近年来,银川都市圈以臭氧为首要污染物的超标天数逐年上升,臭氧污染防治迫在眉睫。而臭氧污染的成因比较复杂,内因是氮氧化物和挥发性有机物在空气中进行复杂的光化学反应,外因是高温、强辐射、低湿等气象条件。另外,区域传输也是臭氧污染形成的重要原因。因此,设计污染物协同减排和分区削减方案,评估协同减排不同比例臭氧前体物对臭氧污染防控效果,为科学制定减排措施、开展区域臭氧污染联防联控、提高污染防治效果提供决策依据。

## 5.1 臭氧浓度与前体物排放响应曲面分析

为了定量明确银川都市圈各地区 $O_3$ 前体物的调控目标,利用模式系统耦合 DDM 模块(Decoupled Direct Method)开展敏感性系统减排矩阵实验。该实验分别设置 $NO_x$ 和 VOCs 从 100％排放(即基准情景)到减排至 10％,获得对应的 $O_3$ 浓度变化特征曲面,可直观地表现出当 $NO_x$ 和 VOCs 开始减排时,$O_3$ 浓度如何随之变化,并且在何种条件下可调控达到空气质量标准要求。需要说明的是,由于空气质量模式为三维模式,考虑了污染物在大气中的真实传输机制,因此与箱式模式的结果会有所不同。为了开展详细讨论,这里将模拟结果按照不同的行政地区进行划分,并计算每个行政区的区域平均值,绘制 $O_3$ 质量浓度与前体物排放变化之间的响应曲面。

图 5.1、图 5.2 分别展示了 11 个地区的响应曲面,其中图 5.1 主要为协同控制减排特征。从图中可以看出,在大武口区、惠农区、平罗县、青铜峡市和利通区对于 $O_3$ 浓度调控比较高效的方法是同时减排 VOCs 和 $NO_x$,如果仅控制单一前体物排放,则需要相对较大的调控幅度。如果同时控制 VOCs 和 $NO_x$ 排放,则需要进行的调控幅度可明显减小。例如,根据矩阵情景实验显示,在惠农区、平罗县、青铜峡市

和利通区均需要同时将 VOCs 和 NO$_x$ 排放下降至 $50\%$ 左右,而在大武口区同时将 VOCs 和 NO$_x$ 排放下降至 $45\%$ 左右,可使平均 O$_3$ 浓度保持在 $80$ $\mu g/m^3$ 以下。

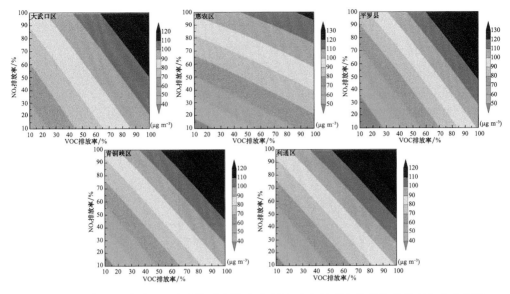

图 5.1　大武口区、惠农区、平罗县、青铜峡市和利通区 O$_3$ 浓度与前体物排放变化响应曲面

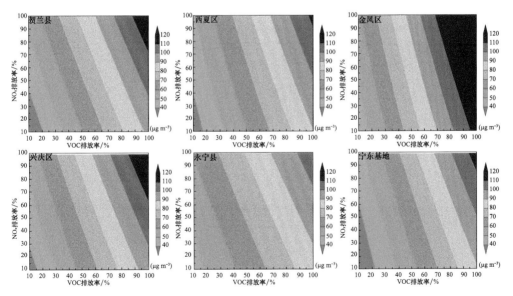

图 5.2　贺兰县、西夏区、金凤区、兴庆区、永宁县和宁东基地
O$_3$ 浓度与前体物排放变化响应曲面

图 5.2 主要为 VOCs 控制特征地区。图中 6 个地区减少 NO$_x$ 排放时对 O$_3$ 浓度的消减作用十分有限,但 VOCs 减排则对 O$_3$ 有着非常明显的消减效果。在贺兰县、

西夏区、兴庆区、永宁县和宁东基地,VOCs 减排 50%~60% 则可使 $O_3$ 质量浓度均值下降至 80 $\mu g/m^3$ 以下,在金凤区 VOCs 减排则需要达到 45% 左右才可达标。

需要说明的是,由于 $O_3$ 有较强的传输效应,来自外部跨界传输的贡献所占比例相对明显,再加之 $O_3$ 本身具有一定本底值,因此相比颗粒物,其非本地来源的贡献不可忽略,这也是造成 $O_3$ 污染难以控制的重要原因之一。从图 5.1 和图 5.2 可以看出,即使将本地排放削减至 10% 以下,仍有 30~40 $\mu g/m^3$ 的 $O_3$ 浓度存在。其中在金凤区,其浓度甚至超过 40 $\mu g/m^3$,这可能是因为金凤区处于银川市中心,且占地面积较小,本地排放总量相对周边地区不大。

## 5.2　臭氧污染减排方案

### 5.2.1　臭氧污染减排方案情景设计

模拟时间为:2021 年 6 月;模拟区域为银川都市圈。模拟方案见表 5.1。

**表 5.1　银川都市圈臭氧减排情景方案设计**

| | 交通 | 电力供热 | 工业 | 燃烧 |
|---|---|---|---|---|
| 情景 1 | — | | | |
| 情景 2<br>(交通管控) | 道路和非道路移动源排放清单降低 50%,或移动交通源降低 20%+公交车中替换新能源 50% | — | — | — |
| 情景 3<br>(电力供热管控) | — | 电力供热源排放清单降低 10% | — | — |
| 情景 4<br>(工业管控) | | | 冶金、石化与化工、化纤、建材等工业源排放清单降低 10% | |
| 情景 5<br>(燃烧管控) | — | — | — | 工业+民用锅炉、民用燃烧源排放清单降低 10% |
| 情景 6<br>(综合管控 1) | 道路和非道路移动源降低 50% | 5% | 5% | 5% |
| 情景 7<br>(综合管控 2) | 道路和非道路移动源降低 50% | 10% | 10% | 10% |
| 情景 8<br>(综合管控 3) | 道路和非道路移动源降低 20%+公交车中替换新能源 50% | 10% | 10% | 10% |

### 5.2.2　臭氧污染减排方案实施后臭氧浓度时空分布特征

(1)对银川都市圈 $O_3$ 浓度贡献中道路及非道路移动源最高,电力供热源次之

银川都市圈人为活动排放源产生的 $O_3$ 浓度百分比高达 93%～96%。所有人为活动排放源中,道路及非道路移动源对银川都市圈 $O_3$ 浓度的贡献最高,超过 30%,兴庆区相对最低为 26.9%,灵武市次低为 28.7%;其次是电力供热源贡献率介于10%～20%,但对银川市(除贺兰县和兴庆区外)4 区县贡献超过 20%,永宁县最高达21.1%;冶金等、工业＋民用锅炉、建材等其他工业源的贡献稍低,在 5%～20% 之间,三类排放源分别对西夏区、永宁县及其以北(除大武口区)贡献率低于 10%;其他排放源的贡献较低,在 5%～10% 之间,其中利通区最低为 4.8%;民用燃烧、餐饮、生物质开放燃烧、溶液溶剂排放以及农业 $NH_3$ 排放的贡献相对微弱,仅民用燃烧贡献率为 3%～5%,其余排放源贡献均低于 2%,其中餐饮贡献率低于 0.5%(图 5.3)。

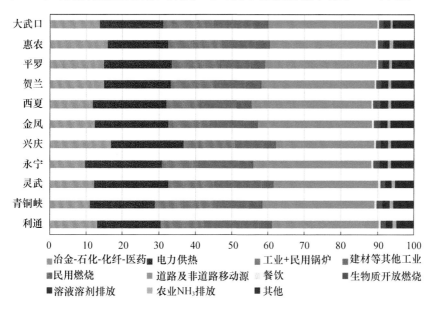

图 5.3　各区域主要行业排放源对 $O_3$ 浓度的贡献百分比(%)

(2)银川都市圈各区域内臭氧来源贡献为 58.55%～67.53%,区域外及相邻区域间存在输送影响

银川都市圈各区域臭氧来源区域外输送占比 32.47%～41.45%,各区域内臭氧来源贡献为 58.55%～67.53%,各区域间也存在输送影响。具体分区域来看,银川市受其他相邻区域传输贡献为 5%～15%,其中灵武—兴庆的传输贡献达 18.87%;石嘴山市受其他区域传输贡献在 2%～10%;吴忠市(青铜峡市、利通区)受永宁县、灵武市传输贡献在 5% 左右,尤其灵武—利通传输贡献达 15.99%;青铜峡市对利通区的传输贡献约为 11.5%(表 5.2)。

**表 5.2　银川都市圈 11 个区域及外来传输贡献区域平均值(%)**

| 大武口 | | | 惠农 | | | 区域划分 | | |
|---|---|---|---|---|---|---|---|---|
| 32.36 | 3.53 | | 7.03 | 33.53 | | 大武口 | 惠农 | |
| | 5.84 | | | 7.26 | | | 平罗 | |
| | 3.62 | | | 2.28 | | | 贺兰 | |
| 4.71 | 2.40 | 2.17 | 1.68 | 1.47 | 2.30 | 西夏 | 金凤 | 兴庆 |
| | 4.82 | 4.23 | | 2.98 | 4.93 | | 永宁 | 灵武 |
| 2.12 | 0.84 | | 1.21 | 0.59 | | 青铜峡 | 利通 | |
| | 33.36 | | | 34.74 | | | 外来传输 | |

| | 平罗 | | | | 区域划分 | |
|---|---|---|---|---|---|---|
| 4.99 | 4.86 | | | 0~1 | | |
| | 25.38 | | | 1~2 | | |
| | 5.08 | | | 2~5 | | |
| 3.02 | 1.69 | 3.86 | | 5~10 | | |
| | 3.64 | 9.19 | | 10~15 | | |
| 1.78 | 0.87 | | | 15~19 | | |
| | 35.65 | | | 19 以上 | | |

| | 贺兰 | |
|---|---|---|
| 2.84 | 1.28 | |
| | 4.73 | |
| | 21.77 | |
| 7.43 | 3.51 | 5.87 |
| | 6.17 | 9.45 |
| 2.61 | 1.19 | |
| | 33.16 | |

| 西夏 | | | 金凤 | | | 兴庆 | | |
|---|---|---|---|---|---|---|---|---|
| 2.08 | 0.66 | | 0.92 | 0.71 | | 0.91 | 1.33 | |
| | 1.67 | | | 1.11 | | | 3.29 | |
| | 4.19 | | | 2.82 | | | 4.79 | |
| 28.85 | 6.23 | 1.86 | 8.33 | 24.81 | 4.54 | 1.97 | 2.28 | 25.15 |
| | 9.83 | 6.18 | | 12.39 | 7.71 | | 5.07 | 18.87 |
| 1.78 | 0.87 | | 2.76 | 1.45 | | 1.28 | 1.01 | |
| | 35.65 | | | 32.47 | | | 34.05 | |

续表

| 永宁 | | | 灵武 | | |
|---|---|---|---|---|---|
| 1.08 | 0.67 | | 0.73 | 0.78 | |
| | 1.11 | | | 1.13 | |
| | 1.62 | | | 0.93 | |
| 8.19 | 4.22 | 2.32 | 1.26 | 1.02 | 2.31 |
| | 28.35 | 10.50 | | 3.25 | 43.80 |
| 6.04 | 1.96 | | 3.61 | 3.58 | |
| | 33.95 | | | 37.60 | |

| 青铜峡 | | | 利通 | | |
|---|---|---|---|---|---|
| 0.82 | 0.74 | | 0.66 | 0.73 | |
| | 0.76 | | | 0.92 | |
| | 1.06 | | | 0.82 | |
| 3.07 | 1.74 | 1.30 | 1.68 | 1.23 | 1.65 |
| | 6.36 | 8.61 | | 3.95 | 15.99 |
| 33.26 | 5.37 | | 11.47 | 19.46 | |
| | 36.92 | | | 41.45 | |

注:按其地理位置排列、区域划分、颜色标注见右上角区域。

## 5.2.3　银川都市圈不同减排情景下防控效果分析

结合区域、行业贡献和排放清单,设置了 8 种敏感性试验,研究银川都市圈协同减排不同比例臭氧前体物对臭氧污染防控效果。基础情景 1 为不采取减排措施情景下,银川都市圈臭氧浓度总体高于周边区域,可达 120 $\mu g/m^3$ 以上(图 5.4)。

在情景 2(交通管控)下,即道路和非道路移动源排放降低 50%,或道路和非道路移动源降低 20%,同时公交车中替换新能源 50%,银川都市圈臭氧浓度大幅降低。都市圈北部臭氧浓度下降为 5~20 $\mu g/m^3$,其中贺兰县、西夏区降幅超过 20 $\mu g/m^3$。都市圈南部地区下降 5 $\mu g/m^3$。然而,在金凤区、兴庆区、永宁县和灵武市交界处,以及青铜峡市中东部小范围区域臭氧浓度小幅升高 0~2 $\mu g/m^3$。

在情景 3(电力供热管控)下,即电力供热源排放降低 10% 时,银川都市圈北部臭氧浓度下降 5 $\mu g/m^3$ 左右,其中惠农区、大武口区小范围区域下降 10 $\mu g/m^3$。而银川市南部、青铜峡市臭氧浓度反而升高,增幅超过 1 $\mu g/m^3$,特别是灵武市增幅达 3 $\mu g/m^3$ 以上。

在情景 4(工业管控)下,即冶金、石化与化工、化纤、建材等工业源排放降低 10% 时,银川都市圈北部臭氧浓度下降 5 $\mu g/m^3$ 左右,其中大武口区降幅达 15 $\mu g/m^3$。都市圈南部降幅小于 5 $\mu g/m^3$;零星区域存在 2 $\mu g/m^3$ 以上的增幅。

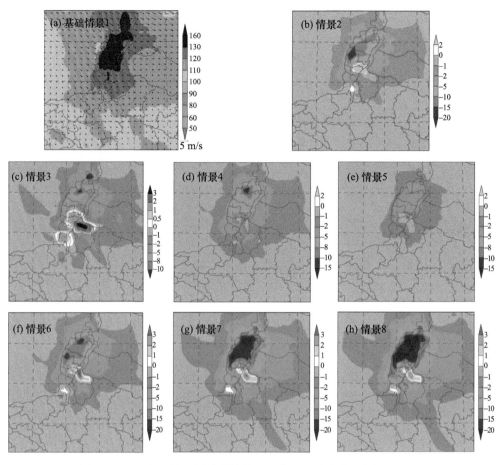

图 5.4  2021 年 6 月不同减排情景下地表 $O_3$ 浓度变化(单位:$\mu g/m^3$)

在情景 5(燃烧管控)下,即工业＋民用锅炉、民用燃烧源排放降低 10％时,银川都市圈臭氧浓度均小幅降低,为 $1\sim5\ \mu g/m^3$,大武口区零星区域降幅超过 $5\ \mu g/m^3$,永宁县、灵武市和吴忠市南部降幅小于 $1\ \mu g/m^3$。

在情景 6(综合管控 1)下,即交通源减排 50％,同时电力供热、工业和燃烧源分别减排 5％时,银川都市圈北部臭氧浓度降幅超过 $10\ \mu g/m^3$,其中大武口区和西夏区降幅超过 $15\ \mu g/m^3$,而灵武市、永宁县和青铜峡市部分区域臭氧浓度反而升高。

在情景 7(综合管控 2)下,即交通源减排 50％,同时电力供热、工业和燃烧源分别减排 10％时,银川都市圈北部臭氧浓度降幅在 $15\ \mu g/m^3$ 以上,灵武市等区域臭氧浓度增幅有所减小。

在情景 8(综合管控 3)下,即交通源减排 20％同时公交车中替换新能源 50％,同时电力供热、工业和燃烧源分别减排 10％时,银川都市圈臭氧浓度进一步降低,灵武市等区域增幅进一步减小。

综合以上 8 种减排情景下臭氧污染防控效果可知,银川都市圈采取减排情景 8 的防控效果相对最好,在 $NO_x$ 和 VOCs 协同控制下,尤其重点减少 $NO_x$ 的源排放,臭氧浓度将明显降低。但在 $NO_x$ 浓度较高的区域如灵武市宁东镇,大幅减少交通源的 $NO_x$ 排放,反而会减弱臭氧滴定反应的消耗,使得臭氧浓度不降反升,因此,在这些区域应适当减少机动车等移动交通源、电力供热源的 $NO_x$ 排放,同时辅以工业源、燃烧源的 VOCs 减排,臭氧管控效果更佳。

## 5.3　臭氧污染控制对策

(1)淘汰落后和化解过剩产能,加快产业结构调整与升级,推进能源结构优化调整

加大钢铁、煤电、水泥熟料、铁合金、活性炭、电石、焦化、氯碱等行业低端低效产能淘汰和过剩产能压减力度。对涉及冶金、石化、化纤、医药、电力供热、建材等行业工艺过程排放源的企业,开展全流程清洁化、循环化、低碳化改造。加强锅炉淘汰改造(确认是否已完成改造),推进清洁取暖,鼓励实施煤改气、煤改电等方式清洁取暖。

(2)限制交通活动水平、降低单位里程能耗、促进新能源车辆和清洁车辆的应用以及调整交通运输结构

可采取以下措施:清洁燃料替代液化石油气、汽油、柴油等;鼓励开展老旧汽车淘汰和替换,或发放补贴,鼓励公共交通等方式的低碳出行;为清洁车辆使用提供便利;符合超低排放标准的零排放汽车将有资格使用快车道,进而减缓道路拥堵的影响,也相应减少拥堵造成的额外排放;推动充电桩等基础设施建设,给电力公司提供购买和安装电动汽车基础设施的补贴等。

银川、中卫、吴忠在生产过程中涉及大宗物料运输,应当注重载货汽车的节能减排。加强工业生产中涉及的柴油货运车治理以及大宗物料货运结构调整;未来应当提高柴油货运车排放标准和燃油经济性标准,大宗物料和产品通过铁路、新能源汽车或达到国六排放标准汽车等方式运输;加快铁路集运站点建设,鼓励引导重点用车企业采用铁路运输方式;加大工矿企业铁路专用线建设投入,加快钢铁、电力等重点企业铁路专用线建设等措施。

(3)开展工业挥发性有机物治理,强化工业氮氧化物深度治理

针对石化、化工、新型煤化工、制药、农药等重点行业企业开展源头-过程-末端全流程挥发性有机物综合治理,切实加强无组织排放管控。大力推进生产和使用环节低 VOCs 含量原辅材料替代,鼓励企业积极进行源头替代。

(4)加强臭氧重污染天气的研判和预报预警,尤其加强 5—9 月重要时间节点大气污染的精准防控

臭氧污染天气的发生与高温、晴天的强太阳辐射等气象要素密切相关,应加强对臭氧污染前体物 VOCs 的监测,在持续晴暖天气时段加强减排和防控。

（5）建立与周边省份的污染防治联动机制

大范围跨区域臭氧污染过程,受大气环流影响,不同程度上都存在着区域输送,需要关联省份共同开展臭氧污染源的联防联控,才能取得良好的防治效果。

（6）大力开展生态型人工影响天气作业,影响局地小气候

人工增雨的原理,是在空中播散催化剂,促使大云滴生成,从而导致云层降水或增加降水量。云量增多,可减少太阳辐射强度,从而减少臭氧光化学反应的发生;增加降水则可直接导致近地面层臭氧浓度的降低。

# 参考文献

安俊琳,朱彬,李用宇,2013. 南京北郊大气 VOCs 体积分数变化特征[J]. 环境科学,34(12):
  4504-4512.

丁国安,罗超,汤洁,等,1995. 清洁地区气象因子与地面 $O_3$ 关系的初步研究[J]. 应用气象学报,6
  (3):350-355.

高素莲,侯鲁健,闫学军,等,2020. 济南市夏季臭氧重污染时段 VOCs 污染特征及来源解析[J].
  生态环境学报,29(9):1839-1846.

黄烯茜,廖浩祥,周勇,等,2020. 上海城郊大气挥发性有机物污染特征、活性组分及风险评估[J].
  环境污染与防治,42(2):194-203.

李用宇,朱彬,安俊琳,等,2013. 南京北郊秋季 VOCs 及其光化学特征观测研究[J]. 环境科学,34
  (8):2933-2942.

林旭,陈超,叶辉,等,2020. 杭州秋季大气 VOCs 变化特征及化学反应活性研究[J]. 中国环境监
  测,36(2):196-204.

刘芮伶,翟崇治,李礼,等,2017. 重庆市 VOCs 浓度特征和关键活性组分[J]. 中国环境监测,33
  (4):118-125.

刘芷君,谢小训,谢旻,等,2016. 长江三角洲地区臭氧污染时空分布特征[J]. 生态与农村环境学
  报,32(3):445-450.

邵敏,赵美萍,白郁华,等,1994. 北京地区大气中非甲烷碳氢化合物(NMHC)的人为源排放特征
  研究[J]. 中国环境科学,14(1):6-12.

谈建国,陆国良,耿福海,等,2007. 上海夏季近地面臭氧浓度及其相关气象因子的分析和预报[J].
  热带气象学报,23(5):515-520.

唐孝炎,张远航,邵敏,2006. 大气环境化学[M]. 北京:高等教育出版社:225-233.

王帅,潘本锋,张建辉,等,2014. 环境空气质量综合指数计算方法比选研究[J]. 中国环境监测,30
  (6):46-52.

王鑫龙,赵文吉,李令军,等,2020. 中国臭氧时空分布特征及与社会经济因素影响分析[J]. 地球
  与环境(1):66-75.

王莹,文小航,等,2017. 成渝城市群臭氧污染特征和影响因素分析[C]// 第 34 届中国气象学会年
  会 S9 大气成分与天气,气候变化及环境影响论文集. 北京:中国气象学会.

杨笑笑,汤莉莉,张运江,等,2016. 南京夏季市区 VOCs 特征及 $O_3$ 生成潜势的相关分析[J]. 环境
  科学,37(2):443-451.

杨燕萍,王莉娜,杨丽丽,等,2019. 兰州市 $O_3$ 污染特征及气象因子相关性研究[J]. 北方环境,31
  (11):51-52.

赵辉,郑有飞,徐静馨,等,2016. 南京市北郊夏季臭氧浓度变化特征分析[J]. 地球与环境,44(2):
  161-168.

BATTERMAN S A,PENG C Y,BRAUN J,et al,2002. Levels and composition of volatile organic com-

pounds on commuting routes in Detroit, Michigan[J]. Atmospheric Environment, 36 (39-40):
6015-6030.

GENG F H,ZHAO C S,TANG X,et al,2007. Analysis of ozone and VOCs measured in Shanghai:
A case study[J]. Atmospheric Environment,41(5):989-1001.

JIA L,XU Y F,2014. Effects of relative humidity on ozone and secondary organic aerosol formation
from the photooxidation of Benzene and Ethylbenzene[J]. Aerosol Science and Technology,48
(1):1-12.

LIU Y,SHAO M,LU S H,et al,2008. Volatile organic Compound (VOC) measurements in the
Pearl River Delta (PRD) region, China[J]. Atmospheric Chemistry and Physics, 8 (6):
1531-1545.

SHAO M,ZHANG Y H,ZENG L M,et al,2009. Ground-level ozone in the Pearl River Delta and
the roles of VOCs and NOx in its production[J]. Journal of Environmental Management,290(1):
512-518.

THORNHILL D A,WILLIAMS A E,ONASCH T B,et al,2010. Application of positive matrix
factorization to on-road measurements for source apportionment of diesel-and gasoline-powered
vehicle emissions in Mexico City[J]. Atmospheric Chemistry and Physics,10(8):3629-3644.

WANG Y,LUO H,JIA L,et al,2016. Effect of particle water on ozone and secondary organic aero-
sol formation from benzene-$NO_2$-NaCl irradiations[J]. Atmospheric Environment,140:386-394.

ZHANG J Y,WANG T,CHAMEIDES W L,et al,2008. Source characteristics of volatile organic com-
pounds during high ozone episodes in Hong Kong,Southern China[J]. Atmospheric Chemistry and
Physics Discussions,8(3):8847-8879.